牛と土

福島、3.11その後。

眞並恭介

集英社文庫

牛と土

福島、3・11その後。／目次

相馬市
福島市
飯舘村
川俣町
南相馬市
二本松市
葛尾村
本宮市
浪江町
双葉町
福島第一
原子力発電所
郡山市
三春町
田村市
大熊町
富岡町
川内村
福島第二
原子力発電所
楢葉町
広野町
中島村
いわき市

福島県

猪苗代町

会津磐梯山

猪苗代湖

会津若松市

双子の兄弟牛。「安糸丸」(右)と「安糸丸二号」(左)

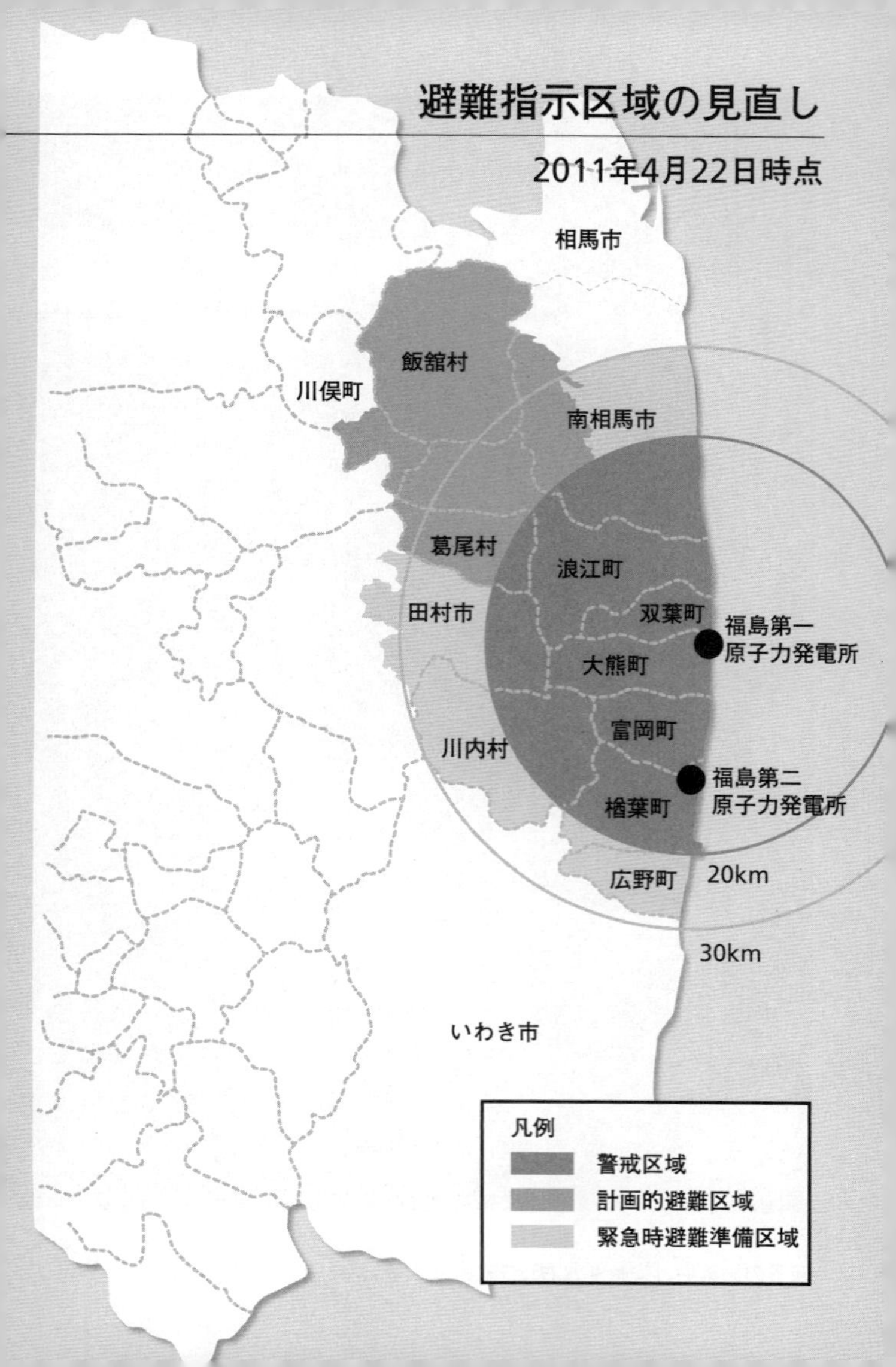
避難指示区域の見直し
2011年4月22日時点
相馬市
飯舘村
川俣町
南相馬市
葛尾村
浪江町
田村市
双葉町
福島第一
原子力発電所
大熊町
富岡町
川内村
福島第二
原子力発電所
楢葉町
広野町
20km
30km
いわき市
凡例
警戒区域
計画的避難区域
緊急時避難準備区域

2013年8月7日区域見直し後

飯舘村
（2012.7.17～）

川俣町
（2013.8.8～）

南相馬市
（2012.4.16～）

葛尾村
（2013.3.22～）

浪江町
（2013.4.1～）

双葉町（2013.5.28～）

田村市
（2012.4.1～）

福島第一
原子力発電所

大熊町
（2012.12.10～）

富岡町
（2013.3.25～）

川内村
（2012.4.1～）

福島第二
原子力発電所

楢葉町
（2012.8.10～）

広野町

20km

いわき市

凡例

帰還困難区域

居住制限区域

避難指示解除準備区域

※カッコ内の日付は区域見直しの施行日

出典：経済産業省ウェブサイト
（http://www.meti.go.jp/earthquake/nuclear/pdf/131009/131009_02a.pdf）より
一部加工して作成

上／毎時20マイクロシーベルトを超える高線量の牧場で
牛を飼いつづける渡部典一
下／飯舘村から避難して畜産を続ける牛飼い夫婦。競りに臨む山田猛史・陽子
（手前から2人目・3人目）、原田貞則・公子（奥から2人目・3人目）

上／「希望の牧場・ふくしま」代表理事、吉沢正巳
下／エム牧場社長、「希望の牧場・ふくしま」理事、村田淳

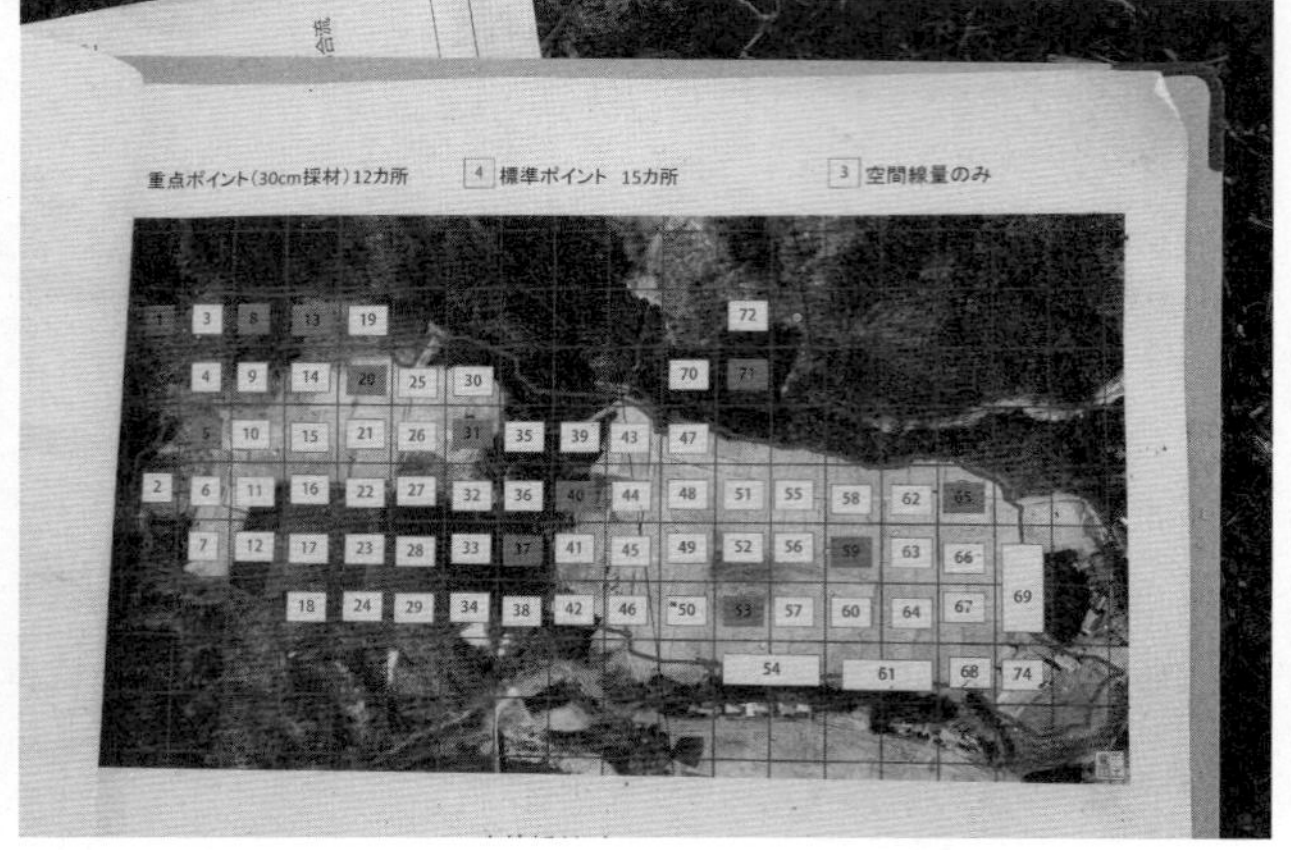

上／放射性物質の分布状況を調べる土壌調査
　（文部科学省による第二次調査）
下／渡部典一が牛を飼養管理する小丸共同牧場の74ヵ所の土壌調査マップ

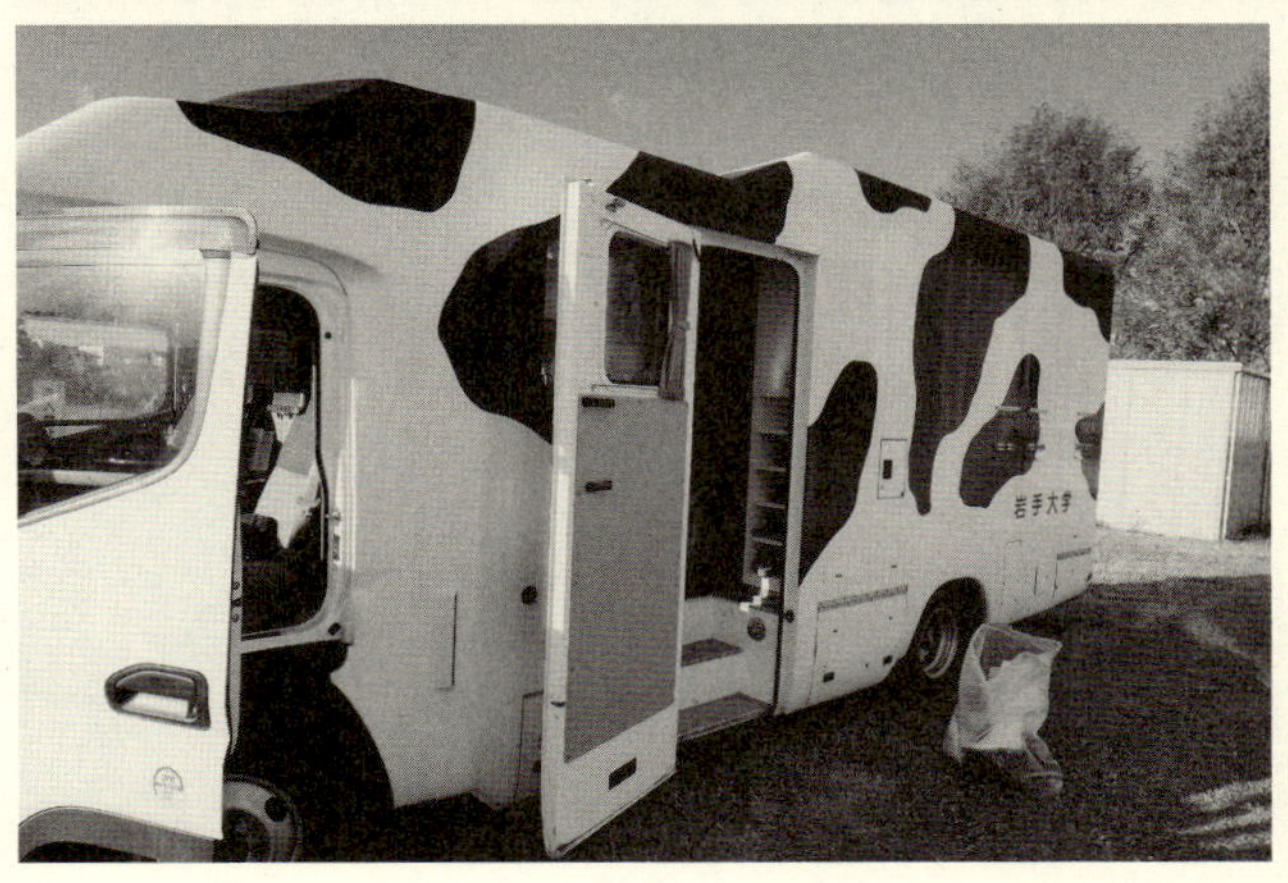

上／「家畜と農地の管理研究会」による小丸共同牧場での土壌調査風景
下／現場で血液の分析ができる岩手大学の家畜検診車。愛称：モーモー号

撮影／眞並恭介、吉川譲（P.14上）

牛と土

福島、3.11
その後。

序章　安楽死という名の殺処分

帰還困難区域[注1]に指定された福島県双葉(ふたば)郡浪江(なみえ)町小丸(おまる)の美しい牧場に、双子の兄弟牛がいる。通常なら、肉牛としての役目を果たすため、とっくに肥育農家に引き取られ、屠畜場へ送られているころだ。ところが、兄弟ははからずも生き延びて、東日本大震災発生から四年目の春をふるさとで迎えようとしている。

周りには、毎年のように子牛を産み育て、春から秋にかけては山の放牧場、冬は里の牛舎で過ごし、これから先五年、一〇年と生きるはずの雌牛たちもいる。そのなかには双子の兄弟の母親も交じっている。彼女たちも生き延びたのだ。国が命じた安楽死処分を免れて——。

東京電力福島第一原子力発電所の事故により、二〇一一年五月一二日、原子力災害対策本部長である内閣総理大臣・菅直人から福島県知事に指示が出た。

「（略）警戒区域内において生存している家畜については、当該家畜の所有者の同意を得て、当該家畜に苦痛を与えない方法（安楽死）によって処分すること。」[注2]

以後、原発から半径二〇キロ圏内の警戒区域に残された家畜たちの生存の道はほとんど閉ざされた。人の立ち入りが禁止された警戒区域は、飼い主が餌やりに通うこともできない。畜舎につながれた牛たちは餓死を待つだけだったが、それでも放たれていれば自ら草を食べて生き延びられる可能性もあった。

原発事故が発生した当初、福島県農林水産部畜産課によると警戒区域内には約三五〇〇頭の牛がいた。それが二〇一五年一月二〇日現在、安楽死処分が一七四七頭、処分に不同意の所有者による飼養継続が五五〇頭、安楽死処分と畜舎内で死亡した牛を合わせた一時埋却処分が三五〇九頭となっている。単純計算で、飼養されている牛と埋却された牛を合わせると四〇〇〇頭を超え、元の頭数よりはるかに多くなってしまうが、これはあくまでも県の畜産課が把握している数であり、事故後に自然交配で多数の子牛も生まれているため、餓死・病死などの死亡頭数が不明なことによる。

原発事故で出現した放れ牛（野良牛）に対して行政は、二〇一四年一月二九日、最後の捕獲・安楽死処分を行った。この一年ほど前までは、警戒区域内に入ると放れ牛の姿をよく見かけた。雪が積もればいたるところに動物の足跡がつき、なかには牛らしきものもあった。その牛の姿や足跡がだんだん少なくなってきたのを感じていたが、とうとうゼロになってしまった。

しかし、牧場の柵の内側では、今もまだ多数の牛が生き延びている。警戒区域から帰還困難区域へと呼び名は変わっても、そこが人の住めない国土、立ち入り許可証がなければ入ることもできない場所であることに変わりはない。いったい牛たちはどのようにして生きているのか。

双子の兄弟がいる小丸の牧場は、原発の北西約一〇キロの位置にある。この牧場では冬季以外、餌として野山に自然に繁茂している草を食べさせている。鮎が棲む清流の谷間から木立の間を上っていくと、なだらかなスロープの牧場が広がり、高台の放牧場を囲む遠景の山の切れ目が、草原の地平線となって空に接している。牧場はたいてい美しいものだが、ここは自然にとびきり祝福された別天地の観がある。

人の姿は地を掃うように絶え、辺りを支配しているのは静寂である。二〇一一年の春以降、牛たちは人間の働く声を聞いていない。土を鋤き、田を植え、稲を刈り、稲を扱く、あの機械の音も聞いていない。以前は、放牧場の丘の下や山の向こうから、人と機械の騒がしい音がしたものだ。堆肥が土と溶け合う甘やかな匂いも漂ってきた。

かわりに、目に見えない何かがある。美しい風景とは相いれない何かが。

見たところ、何も変わりはない。春には枯れ草の下から牧草が芽生えてきて、緑の絨毯が丘を覆う。その緑を牛が食べ尽くしても、山には雑草や樹木が十分茂っている。

だが、何かが過剰にある。人間に歓迎されない何かが。それがどれくらいあるのかは、線量計が示している。毎時三〇マイクロシーベルト。毎時三〇マイクロシーベルトといえば、そこに一日半滞在すれば、国が一般人に対して定めている被曝線量限度の年間一ミリシーベルトを超える値だ。

二〇一一年三月一一日から数日のうちに広大な沃野は変わってしまった。人を恐れさせるまでに放射能を帯びた大地が広がっている。そこに牛たちは生きている。双子の牛もそこにいた。

双子の兄弟の名は、「安糸丸」と「安糸丸二号」。二頭とも、つやつやと黒光りした毛につつまれた肩や背、腰が見るからにどっしりとしている。強い足腰としっかりした肩つきで、大地につながっている。駆けだすと、丈夫そうな骨に支えられた肉が躍る。がっちりした体軀が、ふんだんに日光を浴びて十分に運動した牛であることを示している。「安糸丸」兄弟の特徴は、堂々たる体つきだけではない。妙に愛嬌があるのだ。私が近づいていっても逃げない。おまえは何者なんだといぶかりながら、興味深そうに見ている。

ここにいる牛たちが餌のない厳しい冬を、元気よく乗りきってこられたことには理由がある。高線量下にかかわらず、週に二回、餌やりに通ってきてくれる人間がいたからである。彼は牛たちにとって最も信頼できる、最も親しい男だ。彼がやってくると、牛たちは〝お出迎え〟に寄っていく。彼は「安糸丸」と「安糸丸二号」の名づけ親でもある。ひときわ大きな二頭は子牛だったころと同じように、首や背中を撫でられると心地よさそうにしている。自分が飼っていた牛二〇頭を含め、今ではこの地区の牛、約八〇頭の面倒を見なければならない男には、牛とゆっくり過ごしている時間はないのであるが――。

二〇一一年三月一一日午後二時四六分。渡部典一はいつもどおり牛たちに囲まれていた。牛舎でそろそろ作業にとりかかろうとしていたところ、猛烈な揺れと同時に、天井から轟音が降ってきた。牛も人もかろうじて立っていたが、一緒にいた渡部の母親はしゃがみこんでしまった。ガンガン鳴り響く牛舎のトタン屋根の音が増し、それにおびえたのか、牛がふだん聞かないような声で鳴きだした。

グゥモオー、ウーッ、グゥモオー、ウオーン……。

発情時の鳴き方でも、お腹が空いたときの鳴き方でもない。子牛を呼ぶときの鳴き声でもない。腹の底から絞り出すような、唸るような、恐怖におののいている感じの声だった。人間に捕獲されたときなど、窮地に立たされ、抵抗できなくなったときの声に近かった、と渡部は言う。

どうにか揺れがおさまって、渡部が牛舎の外に出ると、家の屋根瓦が大きくずり落ちていた。「あれっ、こんなふうになるんだな」と、渡部は自分でも意外なほど落ち着いていた。牛たちに怪我(けが)もなく、長かった地震が過ぎていったことで、心の余裕も生まれていた。

だが、破壊のすさまじい音が遠のいたあとに、それまで経験したことのない恐怖がやってきた。激震に続く静謐(せいひつ)な数日間のうちに、放射性物質が降りそそいだのだ。電気は来ていたが、テレビはなぜか映らず、情報は寸断された。衛星放送を視聴した近所の人によると、どうも原発が爆発したらしい。防災無線で避難を呼びかける声も伝わってきた。近隣の人たちは指示どおり、北西の津島(つしま)地区へと急ぎ避難を始めた。渡部も浪江町の多くの住民と同じく、とりあえず両親を避難させた。

地震発生から一週間が過ぎると、小丸地区で渡部以外に残っているのは数人になった。この間、渡部は自分の牛の面倒を見ながら、隣近所の牛にも餌をやっていた。

四月二二日午前零時、災害対策基本法の規定に基づく警戒区域が設定されてからは、牧場のある小丸地区には住むことも出入りすることもできなくなった。今後、警戒区域内への立ち入りは一切認められず、違反すれば罰金または拘留となるのだ。渡部は高校の同級生を頼って、浪江町の西隣、葛尾(かつらお)村へ避難する。その直前、渡部は意を決して、牛舎の牛たちを放牧場に放った。

「生きられるなら自分で生きていってほしいという思いでした。もう緑の草は出てきているし、放牧慣れしている牛が多いから生きられるはずだという、ある程度の確信はあったんです。牛の様子ですか？　自由にどこでも行ってくださいと放たれたものだから、喜んでいるようで、ずいぶんじゃれていましたね、フッフッフッ」

当時の厳しい状況を話しながらも、渡部は牛たちのじゃれ合いを思い出したのか、硬かった表情を崩し、愉快そうに笑みを浮かべた。

渡部はその後、会津（あいづ）地方の避難所を経て、八月初めに二本松（にほんまつ）市の仮設住宅に移る。不自由な生活のなかで、緑の牧草を食べ、自由に駆けまわり、戯れている牛たちの姿を思い浮かべると心が和んだ。次に牛と再会したのは、一時立ち入りの許可が下りた九月の初めだった。

約四ヵ月ぶりに小丸に戻ってみると、はたして牛たちは生きていた。渡部が飼っていたのは、繁殖用の雌牛と子牛合わせて二〇頭。それに他の農家の柵から出てきた牛も多く交じっていた。牛の健康状態と牧草の繁茂状況を見ると、あと数ヵ月間は週に一度でも来れば、なんとかなりそうだ。問題は、この冬の間の餌をどうするかだ。週に二回通うことができれば、満腹までは食べさせられないまでも、冬を過ごすだけの体力は保てる。

越えなければならない最大の障害は、原子力災害対策特別措置法の規定に基づく安楽死＝殺処分という国の指示だった。震災当時、警戒区域内の家畜数は、約三五〇〇頭の牛のほか、豚が約三万頭、鶏が約四四万羽であった。二〇一一年八月ごろ、警戒区域への立ち入り許可を求めて動きだした渡部は、餓死した分も含め国が前月に豚と鶏の処分をほぼ終了し、続いて牛の処分にとりかかっていると聞いた。

すでに四月の時点で、渡部が車で餌などを運んでいると、ぞっとするような腐臭を漂わせている畜舎があった。牛が折り重なって餓死している牛舎、豚が全滅して蛆と蠅が大量発生しつつある豚舎が目に飛び込んできた。犬や猫の死骸も目についた。

その一方、牛や豚が餌にありつき、生き延びている畜舎もあった。国や東電からの賠償金が一円も下りていない状況で、自らの資金の続くかぎり、生きものを飼いつづけようとした農家があったのだ。避難した家族を置いて、牛のいるところへ引き返した人、遠く離れた避難所から毎日、餌を与えに通った人がいた。日が変われば警戒区域となって道路が遮断される四月二一日の夜中まで、最後の餌を与えて別れを惜しんだ人がいたのだ。

限界まで給餌を続けた人も、自分の家畜が近所に迷惑をかけないように畜舎に閉じ込めて避難所に向かった人も、すぐに帰れると思って着の身着のままで避難した人も、どこかで家畜を助ける手が差し伸べられるのを期待し、国を信じていた。だが、次に国が指示したのは、安楽死という名の殺処分だった。

渡部は殺処分された牛が置かれている野辺を、車で通り過ぎることがあった。道路にも道端にも、田畑の中にも死んだ牛が倒れていた。クモの巣が張った牛舎の中で、生まれて間もない子牛が母牛に寄り添い、乳を飲む恰好(かっこう)で骨になっていた。親子が餓死する前に、この子牛は数日ぐらいは母の乳を飲めただろうか。

これ以上、牛を見殺しにすることはできない。その思いは、餌やりに出向くたびに渡部のなかで強まっていった。いま生きている牛を無駄に死なせて、これから先、牛飼いを続けていくことはできない。

だが、この状況で牛を生かしていくには、その理由、牛が生きつづける意味がなければならない。

犬や猫のような愛玩動物であれば、動物愛護の精神からも殺処分になんてできないはずだ。しかし、家畜は産業動物といわれ、経済的価値がなくなれば存在理由はない。そんなばかな、と渡部は思う。生まれたときから家に牛がいて、家族も同然だった。餓死か殺処分しか道がないなどと、そんなむごいことがあってはならない。餓死した牛、殺処分された牛にも、誕生の日があり、授乳の日々があったのだ。

なんとしても、被曝した牛が生きていく理由、生きていく意味を見いださなければならない。

牛飼いは、はたしてそんな理由や意味を見つけることができるのか。どのようにして、牛を生かしつづけることができるだろうか。

警戒区域に取り残された犬や猫の取材で福島に通ううちに、私はしだいに牛と牛飼いに引きつけられていった。そして農家の人たちの協力で、厳しい立ち入り規制が続く警戒区域、さらには再編後の帰還困難区域や居住制限区域にもしばしば足を踏み入れるようになった。

震災から一年が経ってても、警戒区域の中は震災直後と変わらず、沿岸部の瓦礫はそのまま放置され、家も道路も崩れたまま。何もかもが置き去りにされていた。阪神・淡路大震災の一年後はもちろん、東日本大震災の福島県以北の被災地と比べても、復興どころか人の影さえ見えない光景は異様だった。それは原発事故の真の恐ろしさを物語っていた。

震災後二年間ほどは、警戒区域では人より動物に出合うことのほうが多いくらいだった。街の中にも田畑にも、野生化しつつある牛が群れを成して駆けまわり、動物の死骸もあちこちに転がっていた。枯れ野に横たわっている大きな牛らしき塊を見て、首はないのかと恐るおそる近づいてみると、牛が首を後ろに折り曲げて死んでいた。頭が陰になって見えなかったのだ。その濡れた顔のすぐそばには、小さな子牛がもはや目覚めることなく眠っていた。

骨になった牛が埴輪のようなほの暗い目をこちらに向けていたり、皮と肉が崩れ落ちんばかりの牛が剝落した仏像のように静かに座っていることもあった。無残な姿から目をそらすことはできても、嗅いだ死臭は鼻腔の奥にとどまり、記憶から消えることはない。目を覆っても鼻から侵入してくるものがあり、嗅いだことのないような異臭も混じっている。私は、牛糞のにおいなら一日中嗅いでいてもいいが、牛の融け崩れてゆく臭いは嗅ぎたくない。おびただしい死牛のむごたらしい姿と腐臭は、私に鎮魂という言葉を思い起こさせた。

今から約半世紀前、私の幼年時代には周りに牛がいた。大阪府の北端の能勢に近く、丹波の山並みに連なる辺鄙なところだったから、片道四キロの山道を歩いて小学校に通った。その道々には、山にはりつくようにして細長い段々畑があり、棚田にへばりつくようにして牛が田を鋤いていた。米や肥料、燃料となる割り木、シイタケの原木など、重い荷を牽いた牛が尻を鞭打たれながら、汗とよだれを垂らして急な坂道を上っていた。乳牛を飼い、乳を搾っている家もあった。

道のいたるところに牛の糞が落ちていた。雨の日には水たまりが茶色くなり、糞を避けながら歩く必要があった。下ろしたばかりの真っ白い運動靴を牛の糞で汚したこと、踏んで滑って尻餅をついたことなど、牛のいる村の子どもなら誰もが経験したことだろう。

　私の父はサラリーマンだったから家に牛はいなかったが、隣近所は牛のいる家のほうが多かった。私はなぜか牛を見るのが好きな子どもだった。どこまで本当か知らないが、幼い私がむずかると祖母がおんぶして牛を見せたら泣きやんだとか。その後「うし、うし」と言って離れないのでまた困ったと、よく聞かされた。

　しかし、小学校を卒業するころには、周りから牛は消えていた。耕耘機に取って代わられたからである。それ以来、私は牛と無縁の生活を送ってきた。思いがけなく福島で、再び牛と出会うまでは。牛舎の陰翳、稲ワラと糞のにおい。そこにいる牛のたたずまい。それらは私にとって限りなく懐かしく、取材中であるにもかかわらず、上の空になって会話を忘れてしまうこともあったほどだ。

　かつて私の周りにいたのは、農耕と運搬を担う「役牛」だった。彼らは昭和三〇年代後半、一九六〇年代前半に姿を消した。戦後の高度経済成長が農山村にも及び、牛よりも便利で力が強く、世話する必要のない耕耘機やトラクターが急速に普及した。日本で古代から連綿と受け継がれてきた牛の役利用は、この時代に途絶えた。

　私が福島で出会った何百頭もの牛。その牛たちもまた、歴史の刻印を深く押されていた。一九五五年、原子力基本法成立。翌年、茨城県東海村に日本原子力研究所設置。六三年、動力試験炉で日本初の原子力発電。六六年、日本初の原子力発電所（東海発電所）営業運転開始。七四年には電源三法が成立し、原発立地に伴う交付金による地方財政援助の仕組みができ上がった。中央と地方の経済的格差の上に立って結ばれた、豊かな都市部と過疎地との間の一種の取引ともいえるが、交付金や経済振興と抱き合わせの原発の危険性は、「安全神話」によってかき消されていった。

二〇一一年、福島第一原発の事故前に全国では原発五四基が稼働していた（事故当時三五基が運転中）。そして原発事故が起き、放射性物質は広範囲に飛散し、牛たちも被曝した。

放射能汚染の結果、人が住むどころか立ち入ることもできない広大な国土が出現した。帰還困難区域と居住制限区域を合わせると、東京二三区全体の面積を超える。

帰還困難区域に入るときは、あらかじめ申請した「公益一時立入車両通行許可証」を見せて検問を通過する。私はこれまで警戒区域、のちに帰還困難区域に入るときは、農家の人の車に同乗させてもらうことが多かったが、それでも私自身の「公益一時立入車両通行許可証」は必要である。申請書には、「一時立入りをすることによる公益性（目的）」、往復の経路、検問所の地点と通過時間、スクリーニングを受ける場所を記し、また事後には、作業内容を含む「公益一時立入報告書」を提出しなければならない。

警戒区域に入るようになった当初、「ここから先はコンビニがないので昼食を買っていきましょう」と同行者に言われたときは、なるほどと納得しながらも、なんだか奇異な感じがしたものだ。現在の日本で、東京二三区の広さの中にコンビニが全くないなどというところは、よほどの山間地に限られる。放射能汚染で人間が生活できない、入れない国土が出現していた。

高線量の放射性物質で被曝した大地から人間はいなくなった。が、牛は生きつづけている。その牛たちは運命の岐路に立たされていた。安楽死か餓死か、野生動物の道を歩むのか。あるいはそれ以外に道はあるのか。あるとすればどんな道か。

一頭一頭に死亡の時があるように、誕生の時があった。私は出産の場面から語りはじめようと思う。

注1　**帰還困難区域**――二〇一一年一二月の避難指示区域の見直しにより、新たに設定された三区分（帰還困難区域・居住制限区域・避難指示解除準備区域）のひとつ。帰還困難区域は、放射線の年間積算線量が五〇ミリシーベルトを超え（空間線量率＝毎時九・五マイクロシーベルト超）、五年間を経過しても年間積算線量が二〇ミリシーベルトを下回らないおそれのある区域。帰還困難区域へは立ち入りができず、将来にわたって居住が制限される。避難指示区域の再編の時期は市町村によって異なり、二〇一二年四月一日（田村市・川内村）から二〇一三年八月八日（川俣町）の間に実施された。

注2　**警戒区域**――災害対策基本法に基づき、退去を命じられ、立ち入りが制限・禁止される区域。東京電力福島第一原子力発電所事故では、二〇一一年四月二二日零時に原発から半径二〇キロ圏内に警戒区域が設定され、消防隊、警察、自衛隊等の緊急事態応急対策に従事する者以外が市町村長の許可なく立ち入ることは禁止された（違反した者に対しては、一〇万円以下の罰金または拘留）。

第一章

警戒区域の牛たち

餓死でも
安楽死でもなく

双子の牛の誕生

二〇一〇年七月一七日の早朝、浪江町小丸にある牛舎の一角に、敷きつめられたばかりの稲ワラの香りが漂っていた。積み上げられた乾草に残っている日なたの匂いに、牛糞の湿ったにおいが混じっている。外界は自然の匂いに満ちていたが、母にぴったりとつながっている胎児に、朝の外気はまだ押し寄せてこなかった。

カサカサ、カサカサ……。稲ワラが擦れ動く音がする。じっとしているように見えて、母牛は足や口を動かしているのだろうか。このまま静かに落ち着いているかと思うと、不安そうに起き上がった。尾を振り、ぐるぐる歩きまわったり、横臥（おうが）と起立を繰り返したり。こんな動作がもう三時間ほど続いている。

すでに陣痛が始まっていた。飼い主の渡部典一は、安心して寄り添っていた。今回の分娩（ぶんべん）は順調に進むだろう。昨日あたりから、膨らんだ外陰部が濡れ、張りだした乳房を搾ると濃い乳が出る。不安な徴候は何もない。難産にならないかぎり、健康な母牛の出産に獣医師を呼ぶ必要はない。母牛は大きな腹をきれいな稲ワラの上にあずけて、腹の底から突き上げてくる胎動に耐えていた。他の牛が入れないように仕切られた分娩房を、ときおり母牛の仲間の雌牛や子牛が覗（のぞ）きにくる。

やがて第一破水が起きた。胎胞が顔を覗かせたかと思うと、その袋が破れて赤褐色の水が流れ出た。さらに三〇分ほどして、半透明の羊膜につつまれた胎児の前足が現れた。この膜が破れる第二破水が起き、まもなく頭部がにゅっと出ると、続いて全身が地面から湧き出るように現れた。

母牛は立ち上がり、さっそく子牛を舐（な）めはじめた。渡部が母牛の労をねぎらって撫でてやると、母牛は誇らしげに渡部をちらりと見たが、またせっせと子牛を舐めている。渡部は子牛が起き上がったら初乳を飲ませることにして、ひとまずその場を離れた。子牛は通常、三〇分から一時間もすれば自力で起立する。懸命に立ち上がろうとし、立てばすぐに母牛の乳房を探して歩く。

野に放牧されている牛は野生の本能が目覚めるからか、早く立って親についていこうとする習性が見られる。渡部は、放牧地で分娩した母牛が、まだ歩けない子牛を人目につかないところに隠し、餌場に行って餌を食べたらまた子牛のところへとって返す姿を見たことがある。

しばらくして子牛が乳を飲んだかどうかを確認しに戻った渡部は、一瞬、狐につままれたように立ち尽くした。さっき母牛が舐めたあと、布できれいに拭いて乾かしてやったはずの子牛が、まだ半ば羊膜をかぶったまま濡れて横たわっていたからである。朝の光のなかに投げ出されて、ぴくぴく震えている命の塊。これはどうしたことか。母牛のほうに目をやると、その背後にひょろ長い足で立とうと奮闘している子牛がいるではないか。

双子だ！　双子を授かるなんて！　双子は小さく生まれると聞いていたのに、普通の子牛と比べて遜色ないように見えた。

渡部は弟牛の頭をそっとかかえて、鼻と口の中の粘液を拭き取り、呼吸しやすいようにしてやった。そして、粘膜をこびりつかせ濡れそぼった全身を、乾いた布で丁寧に拭った。

ぴかぴか、ふかふかの雄の子牛が二頭。繁殖農家にとって、無事な出産ほど喜ばしいことはない。大きな双子ならなおさら、まるで盆と正月が一緒に来たような感じだ。

牛飼いを続けていれば、牛の難産や死産は誰でも経験することであり、牛を飼う地域には昔から共同墓地が作られている。幸いにも二頭とも正常な分娩で、双子に多いといわれる未熟児ではない。これから一〇ヵ月間ほど日々の成長を見守り、競り市場に出して肥育農家の手に渡るまで育て上げねばならない。

それは初乳を飲ませることから始まる。初乳と呼ばれる分娩後一週間ぐらいまでの乳には、さまざまな免疫物質が含まれており、細菌感染から子牛を防御するためには、できるだけ早く摂取するのがよいとされる。母牛がもっている病気への抗体が子牛に伝わるだけでなく、初乳には蛋白質（たんぱくしつ）やビタミン、ミネラルなどの栄養素も多量に含まれているからだ。

渡部は、懸命に立ち上がろうとしている兄牛のそばに行き、抱きかかえて起立させ、母牛の乳房のところへ誘導した。乳頭に吸いつきほおばった子牛は、いつのまにか自力で立っていた。弟牛のほうはと振り向くと、さっきは頭を起こすのがやっとだったのに、もう自分で立ち上がろうとして、頭を振り振りもがきはじめている。起き上がって乳にありつくのは時間の問題だ。

母牛のお産は無事に終わり、後産（あとざん）もすんだ。そろそろ今日の農作業にかからねば。渡部は満ち足りた心で、牛舎を後にした。

母牛の産後は順調だった。が、双子の牛たちは多難であった。たびたび下痢をし、脱水症状に陥った。ミルクも自力で飲めないほど衰弱したため、母牛の乳を搾り、手ずから与えた。哺乳瓶で与えてもなかなか飲まないから、二本の指を子牛の口の中に入れ、その間から乳を少量ずつ流し込んだ。獣医師から脱水症状にポカリスエットがよいと聞き、しばしば補給した。

人工乳（粉ミルク）は、人間の赤ちゃんが飲むものを与えた。双子の場合は母牛の乳がどうしても足りなくなるのは目に見えていたが、乳の出ぐあいから牛用の人工乳の大袋を用意するまでもないと判断した。それに何より、子どものいない渡部にとっては、牛の子はわが子も同然であった。

兄弟の一方が少しよくなると、今度はもう一方が悪くなる。いたちごっこのような状態が続き、渡部は昼夜つきっきりで面倒を見た。

その甲斐あって、三ヵ月が過ぎたころから二頭は見るからに丈夫になり、四肢は伸び、骨盤が少しずつ発達してきて体の幅も出てきた。それまではいつも渡部にくっついて下のほうから見上げて擦り寄ってきていたのに、牛仲間と遊びまわることが多くなった。秋の深まりとともに兄弟の成長は著しく、小柄な渡部と並ぶと子牛のほうが大きく見えるほどに育った。

牛舎とパドック（運動場）を所狭しと駆けまわる二頭に、渡部は「山はもっと気持ちいいんだがな」と語りかけた。か弱かったこの兄弟は夏山放牧を経験することもなく、春が闌けるころには肥育農家に買われていくことだろう。牛舎の中に、紅葉の山から色褪せた落ち葉が舞い込んでいた。

警戒区域に牛を残しての避難

渡部典一は一九五八年、福島県双葉郡浪江町小丸の農家に生まれた。三人兄弟の長男で、福島県立相馬農業高校、全寮制の福島県農業短期大学校を卒業。いったんは勤めに出たが、農家の長男の常として、家の農業を継ぐことになった。渡部が子どものころは、役牛として飼われていた牛や乳牛、豚などもいたが、稲作が中心の専業農家であった。しかし、減反政策が進むにつれて、渡部は肉牛の繁殖を主とする畜産にシフトしてきた。

戦後、渡部の祖父母の代まで、この地方では養蚕が盛んだった。その名残である桑畑が荒れ果てていたのを、渡部は放牧場と牧草地に生まれ変わらせた。養蚕、稲作、畜産と、時の政策に従って福島県の多くの農家が経てきた道を、渡部の家もたどったわけである。

震災当時、渡部が飼っていたのは、母牛一〇頭、子牛一〇頭。双葉郡では稲作と兼業で牛を四、五頭飼っている農家が多く、個人経営の農家として渡部の畜産の規模は比較的大きいほうだった。

子牛のうちの二頭は、双子の「安糸丸」と「安糸丸二号」。母親の名は「はなひめ」。

日本の畜産業においては、雄牛には漢字、雌牛には平仮名の名前をつけるのが慣例だ。兄弟の名前の「安糸」は父親の「安糸福（やすいとふく）」という鹿児島の種牛の血統からきている。体の大きさよりも肉の資質で高く評価される、人気のある種牛だった。渡部はこの「安糸」に小丸地区の「丸」を加えて双子を名づけたのだった。

人工授精による繁殖が広く普及し、牛肉のいわゆるサシ信仰が根強い日本では、種牛は血統と各種の能力検定成績、すでに誕生した子牛の食肉格付け等級などに基づいて選定される。選ばれた牛の精液は、十数年間にわたって交配に用いられる。その一方で、九九％以上の雄は生後二〜五ヵ月齢で去勢されて、いわゆる肉牛となる肥育素牛（もとうし）として飼われることになる。

一般的な家畜市場への子牛の出荷月齢は八〜一〇ヵ月。雌も出荷され、一部は子牛を産ませる繁殖用として、それ以外は去勢子牛と同じく肥育素牛として取引される。肥育素牛はさらに、肥育農家や大規模な肥育場で一八〜二〇ヵ月間ほど肥育されたのち、食肉市場に出荷される。つまり普通は、誕生後二六〜三〇ヵ月齢で〝牛肉〟となり、人の口に入ることになる。

対して繁殖用雌牛の一生は、肥育牛の場合とは大きく異なる。和牛の妊娠期間は約二八五日、おおよそ九ヵ月半。通常、一歳過ぎから授精（種付け）を開始し、二歳前後で初産、その後一〇年くらい子牛を産みつづけるが、なかには一五回以上出産を重ねる雌牛も珍しくない。繁殖農家は一年一産を目標として、効果的な種付けができるように発情徴候を見逃さず、牛の行動を常に観察している。実際に一年一産を続けることはかなり難しいのだが、それを実現したとしても、血統と発育状況が伴っていなければ、育てた子牛の競り市場での値段は下がってしまう。

とはいえ、牛は産業動物といわれ、売買の対象となる商品であっても、毎日世話をしなければ育たない生きものである。その存在の値打ちは、最終的に付いた値段だけではない。繁殖農家は、生活も家計も、喜びも牛と共にする。牛親子の別れも共にする。それは離乳であったり、子牛が家畜市場に出荷されるときであったりする。離乳時に母牛と子牛は慕って鳴き合う。だから渡部は子牛を、一般より遅めの生後五ヵ月まで離乳させない。

「もっと早くから親と引き離す人もいるけど、母牛の乳量が少ないときは別にして、五ヵ月ぐらいまでは親にべったりつけておいたほうが、子牛が落ち着き健康にもいいのです。それ以上長くなると、母牛が栄養不足になり体力を消耗してしまうし、子牛も粗飼料（稲ワラ、乾草）や配合飼料を食べるようにしないと成育面に影響する。僕は、急に親子を切り離すのではなく、一日一回は母乳を飲ませながら徐々に離すようにしていました。一気に別飼いをすると、親は乳が硬く張ってきて、子は乳を飲みたくて鳴く。それを避けるためには、飼料をやりながら母乳も一日一回与えることを続けて、一週間ぐらいで断ち切るとそれぞれの負担が少ない」

震災以前の渡部は、牛の改良にも努めてきた。当時、渡部が飼っている牛で最年長は、平成一〇年生まれ、一三歳の雌牛だった。こういった牛を残しながらも、肉の量と質、繁殖能力、強健さなどを考慮し、次の代、次の代と考えて新しい血統を導入していたところだった。

「産みつづければ一五産、一六産も可能ですが、そこまでいくと代替わりによる改良面がなかなか進まなくなってしまう。せいぜい一〇産ぐらいまでだね。その牛がほしくて導入したのだから、一頭一頭の顔もよく見えるし、分娩になれば日夜見守っていたりするから、自然と情も湧いてきます」

だが、このような日常は、もはや失われた世界となってしまった。東京電力福島第一原子力発電所の事故とそれに続く警戒区域指定は、牛と共に農業を営んできた地に立ち入ることを不可能にした。繁殖農家の生活も、牛飼いの生き方もできなくなるのではないか。すべては原発事故とともに水泡に帰すのか。

人けの途絶えた小丸の山間地で、原発事故発生からひと月余り、渡部は牛たちと濃密な時間を過ごした。避難している両親を訪ねるか、近隣の牛の世話をするほかは、ほとんどの時間を牛舎で過ごした。早朝から牛舎中をきれいに掃除し、餌を大量に用意した。

田んぼに出られないぶん、牛と一緒にいる時間はたっぷりあった。座り込んでいる渡部を牛たちがぐるりと囲んで、鼻面や頭、横腹や尻を押しつけてくる。生まれて日の浅い子牛も、さすってもらおうと負けずに割り込んできた。渡部は一頭ずつ、名を呼びながら撫でさすってやった。顔も頭もよだれだらけになって笑いながら。「安糸丸」兄弟とも目を見交わしながら、頭を撫でて語りかけた。

「おまえら立派になったな。ふたりともますます似てきたぞ。そうだ、ポカリスエットが残ってっから、一杯やっか。子どものころ、あれが大好きでよく飲んだじゃねぇか」

しかし、至福の時に終わりが来た。

この夜、午前零時が来れば立ち入り不可となる四月二一日、渡部は牛たちに別れを告げた。

「あとは自分で食べていくんだ。ひと月もしないうちに、緑の草が伸びてくる。それまでは、置いておく餌で食いつなげ。子牛たちも、親を見ていれば草の食べ方くらいわかるだろう。生まれて一時間もしないうちに立ち上がって乳を飲み、親について歩いていくような、おまえたちには大昔の野生の血が流れている。野生の本能で外敵から身を守り、自分で生きていくんだ。いいな」

春から秋にかけて放牧経験のある牛たちは、野に放たれると小躍りするように駆けだした。戸惑って辺りを窺（うかが）っていた子牛たちも、親牛を追って駆けまわる。渡部が振り返ると、子牛同士でじゃれ合っていた。

生まれ育った小丸の地を後にした渡部は、葛尾村の友人の家、会津の避難所と渡って、二〇一一年の八月初めには家族と一緒に小丸から約六〇キロの二本松市の仮設住宅に移った。二本松なら、牧場まで餌やりに往復できる距離である。だが、立ち入り許可はなかなか下りなかった。

蒸し暑く寝苦しい仮住まいの夜、渡部は緑濃い小丸の牧場の夢をしばしば見た。その夢を覚ますように周りから聞こえてくるのは牛の鳴き声ではなく、殺処分に泣く泣く同意したという知り合いの農家の話や、じいさんと息子が、ばあちゃんと嫁が、仲のよかった夫婦が、殺処分に同意するかどうかを言い争っている話ばかりだった。

ソ連時代のチェルノブイリでは、三〇キロ圏内の牛一万三〇〇〇頭、豚三〇〇〇頭がトラックで避難したという報道も耳にした。小丸の家のすぐ近くの見慣れた滝の写真に「二度と人が住めない高線量の集落」と添えられた記事も目にした。胸が張り裂けるようだった。

行くところもなく仮設住宅の狭い部屋に閉じこもっていると、立ち上がることも難儀なほどの脱力感に襲われた。米を作りながら飼料の種を蒔き、牛と格闘するように飼育や繁殖に力を注いできた日々はなんだったのか。今の自分はあのころとは別人のようだ。

そんな折、ひょっこりと頭をもたげてくるものがあった。それは会津に避難していたとき、土産物店に並んでいた郷土玩具の起き上がりこぼしだった。どんなに倒されても起き上がってくる様子は、昔から伝わる玩具のかわいらしい表情と相まって、渡部の心をとらえた。

このまま倒れたままでいられない。牛たちをあきらめるわけにはいかない。もう一度起き上がって牛を助けにいかなくては、と自分を奮い立たせた。

被曝して商品としての価値は失われたかもしれないが、牛が生きているかぎり、見殺しにはできない。牛の糞を肥やしにし、土に変えて、米や飼料を作ってきたんだ。渡部の脳裏には、子どものころ年寄りが牛を使って田を鋤いていた姿も浮かんできた。渡部は自分のなかに牛飼いの血が騒ぐのを感じた。

「おれたちはどう生きていけばいいんだろうか」

渡部は一頭一頭の姿と顔を思い浮かべ、牛たちに問いかけた。

抗議に東京へ！

福島第一原発の北西一四キロ地点、浪江町立野（たつの）に浪江農場をもつ有限会社エム牧場社長の村田淳（じゅん）には、牛飼いと経営者の二つの顔があった。

牛飼いとしての村田の日課は、二本松市初森（はつもり）の自宅に隣接する牧場にいる四五〇頭の牛を、毎朝五時半に起きてすぐに見てまわることから始まる。

「調子悪いのいねえが、元気か。なんだおまえ、なんかぐあい悪そうだな、というのがやっぱりいるからね。牛はかわいいよ」

私が村田の車に乗せてもらって浪江農場に入ったとき、目の前を牛の群れがのろのろと横切ることがあった。車を停(と)めた村田はちょっと窓を開け、「通してくださいよぅ」と穏やかに語りかけ、にこにこしながらサイドブレーキを引く。

牛を見る目は温かく、その言動から牛を飼う者の誇りが感じられる。震災後ちょうど一年経ったころで、来る途中の道にも柵に入っていない放れ牛が勝手気ままに走りまわっていた。村田は牛の群れに出合うたびに車を停めて、自分の牧場の牛かどうかを確認するために追いかけていった。

経営者として村田は、手広く繁殖から肥育まで一貫して手がけ、震災時には福島県内の農場七ヵ所で約一二〇〇頭の肉用牛を飼育していた。おから、モヤシかす、リンゴの搾りかすなどの食物残渣(ざんさ)を飼料に活用するなどの徹底的な合理化で、年間数千万円のコストダウンを実現した。

その手腕は経営形態の面でも発揮され、エム牧場は、農家に牛と餌とノウハウを提供し、農家の土地と建物と労力を活用する「提携農場」の方式で、規模を拡大し経営を安定させてきた。経営主体はエム牧場にあり、定額の提携料が支払われる農家にはリスクが少ないというメリットがある。

三月一一日の震災発生時、五六歳の村田は南相馬市で用事をすませて、ＪＡの職員が運転する車の助手席にいた。あと五キロほどで二本松農場に着くというところまで来たときだった。携帯電話に緊急地震速報が入るやいなや、激烈な揺れに見舞われた。慌てて車を停止。外に出ても目の回るような揺れがまだ続き、周りの山は波打っていた。

二本松農場に戻り、すぐさま点検を開始した。あちこち破損していたが、いちばん困ったのは水道が壊れ、電気が来なくなったことだった。電話も携帯もつながらないので、南相馬市や葛尾村など他の六ヵ所の農場とは連絡の取りようがない。こうなったら、現場に任せるしかない、現場の判断でやってもらうしかない、と腹をくくった。

浪江農場には当時、五七歳の吉沢正巳農場長とその姉の家族、家畜診療所の家族、そして牛三三〇頭がいた。福島第一原発は、農場内の建物から排気筒が肉眼で望める距離だ。

農場長の吉沢は南相馬市原町のホームセンターで買い物中、地震に遭遇した。急ぎ浪江農場へ向かったが、国道六号線はひどく渋滞していた。一刻も早く牛と牧場がどうなっているかを確認したかった吉沢は、裏道を抜けてかろうじて農場にたどりついた。かろうじて、というのは、吉沢が通るはずだった国道を大津波が襲い、渋滞中の車を呑み込んでしまったからだ。迂回するのをためらっていたら、二度と牛の顔を見ることはできなかっただろう。

　吉沢が車から降りると、いつものように牛たちが寄ってきた。牛舎は無事だった。停電と断水は痛いが、ディーゼル発電機を回せば、牛に水を飲ませることはできる。次に、牛舎から牧場へと目を転じると、異変が起きていた。牧草地のなだらかだったスロープのいたるところに亀裂が走り、段々畑のような段差が生じていた。それは地震の大きさを物語るものであったが、不思議と恐怖は感じなかった。

　カーナビの画面に流れるニュース番組では、福島第一原発の緊急事態宣言が報じられていた。「原発から半径三キロ圏内に避難指示」に続いて「半径三〜一〇キロ圏内に屋内退避指示」。吉沢にじわりじわりと不安が押し寄せてきた。

　翌一二日、一〇キロ圏内に避難指示。一五時三六分に一号機原子炉建屋で、官房長官・枝野幸男が「なんらかの爆発的事象」と二時間余りあとに発表した爆発が起きた。二〇キロ圏内に避難指示。この段階で浪江農場に牛を残しての避難は、吉沢の念頭になかった。

　一四日一一時一分、三号機原子炉建屋で水素爆発。吉沢は牛に給餌しながら、その爆発音を聞いた。遠くで二連発の大きな花火が上がったような音だったという。

　一五日早朝、二号機で爆発音とともに大量の放射性物質を放出、定期点検で停止中の四号機で水素爆発。二〇〜三〇キロ圏内に屋内退避を要請。当時、原発から北西方向、浪江農場のほうへ、住民が避難した浪江町津島地区のほうへ、そして飯舘村のほうへ、暖かい風が吹いていた。夕方になって冷え込み、雨と雪に変わる。その風に乗って高濃度の放射性物質が運ばれ、大地に降りそそいだことは、のちに放射能汚染地図の示すところとなる。

「避難しろ。牛はこっちから通ってでも面倒見られるから、とにかく避難してこい」

二本松の村田から吉沢に連絡が入った。独身の吉沢は、浪江農場の敷地内に、姉の家族と同居していた。姉と甥はすぐに二本松市へ避難したが、吉沢は避難指示が出たあとも残って牛に餌と水を与えつづけていた。家畜診療所の獣医師夫婦は、二人の子どもを連れて実家のある京都へ去った。吉沢はひとまず村田の家に身を寄せて、姉と甥を実家のある千葉へ避難させ、自分は二本松から浪江まで餌やりに通うことにした。

二本松農場から津島を通って浪江農場へ行く道には、自衛隊の部隊が駐屯していた。テントの周辺で焚き火を囲んでいた避難者たちが、人の流れに逆らって原発に近い浪江のほうへ向かう吉沢のトラックを珍しそうに見ていた。その戦場のような光景も、政府や東電が原発周辺で計測された放射線量を発表し、その報道が伝わるやいなや忽然と消えた。一二日に避難指示が出てから四日間は、情報が命の綱であり、避難と救援のために人の移動が激しかったのだ。人々は取るものもとりあえず避難し、牛や豚たちは取り残された。家畜にとっては飼い主が頼みの綱である。その綱が断ち切られようとしていた。

吉沢は村田から、「今月分の牛の引き取りを出荷先が断ってきた」と告げられた。今月分だけではなく、来月も、再来月も続くだろう。村田は村田で難局を打開しようと駆けずりまわっていることが、吉沢にはわかっていた。エム牧場の葛尾農場も被災し、牛の世話をする人間がいなくなっていた。原町農場、原町第二農場も、原発の三〇キロ圏内にあり、避難を余儀なくされている。

浪江農場は新たに二棟の牛舎を造り、六〇〇〜七〇〇頭規模への経営拡大をめざしていた矢先のことだった。だが、浪江の牛三三〇頭の経済的価値はもはやゼロとなった。希望はどこにも見いだせない。この牧場はこれでおしまいなのか……。

吉沢がこれから先、どうするかを考えようとしていたころ、第一原発の三号機に自衛隊が放水作業を開始した。ヘリコプターの音が聞こえたので、吉沢は姉の家の二階に上がって、双眼鏡を覗いた。真っ白い噴煙が二度、排気筒の高さまで上がった。

いやぁ、見たよ。写真を撮っときゃよかったなぁ。これでここも終わってしまったのか。

誰もいない家の中でブツブツつぶやきながら一階に降りてくると、窓から牛が顔を覗かせた。その背後の枯れ野にも、牛また牛。何も知らない牛たちを見つめているうちに、ふつふつと怒りが込み上げてきた。

自衛隊は事態の悪化を少しでも食い止めるために、決死の放水任務に当たっている。一方の東京電力は最前線から撤退しようとしているという。これは許せない。札束で頬をひっぱたくようにして原発を推進してきた当事者が、いの一番に逃げ出そうとするとは。ふざけるんじゃねぇ。ここはひとつ、東電本店へ行って、直に抗議するしかない。

吉沢には長年、東北電力が浪江町と南相馬市小高区に建設を計画してきた「浪江・小高原発」に対して、地元住民とともに反対運動を展開してきた経緯があった。また、浪江農場はもともと吉沢の父が開いた牧場であり、遺した土地であった。吉沢の父は、戦時中に満州（中国東北部）に入植。捕虜となってシベリアに抑留され、帰国後は千葉県四街道町（現、四街道市）で山林を開墾し、酪農を営んだ。浪江の牧場は、生涯にわたって開拓者であった父が最後にたどりついた地であり、開拓者の魂が眠っている地であり、簡単にあきらめるわけにはいかないのだ。

決心した吉沢の行動は早かった。東京へ行くのに必要なガソリンが手に入らなかったため、農場内に置いてあった廃車の燃料タンクにドライバーで穴を開けて、なんとかかき集めた。出発に際して、牛の尿を溜めるタンクとショベルカーに、「決死救命、団結！」とスプレーで大きく書き置いた。原発事故現場の放水作業や、自分が見棄てれば路頭に迷う牛たちを見て思いついた言葉だったが、吉沢は自分の心情をよく表していると思った。

　この後、吉沢が抗議の街宣活動に使う車や看板にペンキやマジックインキで書く文字は、全共闘世代には見覚えのあるスタイルである。一九五四年生まれの吉沢は、学生運動が激しかったころにはまだ高校生だったが、通学路の近くで起きている成田空港の建設をめぐる長期にわたる闘争で、農民や学生が機動隊と激しくぶつかる姿に、言いようのない衝撃を受けた。進学した東京農業大学では、学生自治会の委員長として、学生運動の流れを引き継ぐ学費闘争などを展開した。ベトナム反戦運動も続いていた時期だった。吉沢が語る言葉には、学生が社会変革を志向した時代の空気が今もなお漂っていることがある。むろん、全身これ牛に鍛えられ、大地に根ざした牛飼いである吉沢の言葉は、生活から遊離した単なる理想論ではない。

　東京へ向かう前に二本松の事務所に立ち寄ると、村田は不在だった。村田の妻に東京へ抗議に行くことを話し、村田には電話で伝えた。

「よし、行ってこい。東電に三三〇頭の牛の損害賠償請求をすると必ず伝えてほしい。牛の面倒はなんとしてもおれが見るから心配するな。頑張ってくれ」

　村田に背中を押されて、吉沢は奮い立った。エム牧場の牛一二〇〇頭のうち、ほぼ半数が出荷不能になってしまった。残りの約六〇〇頭も今後出荷停止になったり、風評被害で価格が低下することもありうる。今後東電から賠償金が支払われるとしても、それまで会社が持ちこたえられるのか。吉沢は牛飼いの意地を懸けて、またエム牧場を代表して東電に乗り込むつもりで、夜の東北自動車道を急いだ。

あと一時間もすれば日付が変わる。明日で震災からちょうど一週間だ。吉沢は、深夜も明るい東京のなかでも、ひときわ煌々（こうこう）とライトに照らし出された東京・内幸町（うちさいわいちょう）の東京電力本店前に着いた。目の前には報道陣が群がり、機動隊も控えている。明日の朝、あのゲートを突破して中に入るにはどうするか。もう一世一代のアジ演説をぶつしかないだろう。車を駐車場に移し、シートを倒して疲れた体を横たえた。背後に三三〇頭の牛がいると思えば、怖いものなど何もない。

三三〇頭の牛を生かすために

エム牧場の名の入った帽子とジャンパーに身をつつんだ吉沢が、午前九時に東電本店の閉じたゲートに近づくと、五、六人の警察官に取り囲まれた。吉沢は第一声を叫んだ。

「おれは福島・浪江のベコ飼いだ。おれが大事にしてきた三三〇頭の牛が、停電で水も飲めず、餌ももらえず、このままでは死んじまう。放射能にまみれた町には、もう誰もいない。取り残された牛は、みんな飢えて死んじまうんだ。おらぁ、そのことで来たんだ」

演説どころか、どうしたことか、言葉につまり涙があふれ出た。うう－、うおーっと大泣きになった。決して演技ではなく、自然と感情が抑えられなくなったのだ。父が遺してくれた牧場が迎えようとしている無残な終焉。餌を求めて鳴く牛の声。おいしそうに、うれしそうに餌をむさぼる牛の顔。飼い主が逃げ去った牛舎のそばを通るたびに聞いた牛の悲鳴。耳について離れない声、目に焼きついた牛たちの悲喜こもごもの姿が去来し、涙は止めどなくこぼれ落ちた。

警察官は困惑したのか、感じるところがあったのか、東電内部に連絡を取ってくれた。立ち入りが許可され、ゲートが開いた。吉沢は涙が乾く間もなく、ロビーに続く応接室に通された。ただし、体格のいい二人の私服警官が、吉沢を背後から見張るようなかたちで同席した。総務部総務グループの主任が現れると、吉沢は名刺を差し出し、さっそく「原発事故によって被った大損害を償ってもらいたい」と単刀直入に切り出した。

「今後、エム牧場は必ず、あんたがた東京電力に三三〇頭の牛に対する損害賠償請求を起こす」と、正面切って畳みかけた。が、返ってくるのは他人事のような返答ばかり。吉沢の腹に据えかねていた憤怒の塊に火が点いた。

「自衛隊が放水・冷却作業に命懸けで立ち向かっているのに、あんたがたは逃げようとしている。撤退しようなんて、ふざけんじゃねぇ。自分らで造った原発だろ。自分らで止められなくてどうする。おれだったら、死んでもいいからホースを握って水をかけに飛び込んでいくぞ。

浪江町は原発の立地町じゃない。なのに、放射能に汚染され、住民は着の身着のままで逃げるしかなかった。残っているのは牛と犬・猫だけだ。東京電力の三分の一の電気は福島で起こした分だ。あんたがたは、東京・首都圏の人々が電気をふんだんに使える豊かな暮らしを支えてきたかもしれない。でも、おれたちは町に住めなくなり、いつ帰れるかもわからないんだ。

たしかに、浪江の請戸（うけど）の漁師さんたちのなかには、原発ができたことで漁業補償金をしこたまもらい、いい思いをした人たちもいるよ。そいつらの家も船も墓も津波で流されて、今では跡形もないけど。しかし、おれらベコ飼いは、びた一文もらっちゃいねぇ。避難所で牛の顔を拝める日が来るのを指折り数えて待っているんだ。この無念さがわかるか」


憤懣（ふんまん）やるかたない吉沢は、自分のように直訴する機会ももたず、お上の命令には従うしかないと、牛に手を合わせて避難していった牛飼い仲間のことにも言及せずにいられなかった。先刻、ゲート前では大泣きしたが、今は涙よりも言葉が止めどなく口を衝（つ）いて出た。ふと気づくと、目の前の主任が嗚咽（おえつ）していた。

よし、こっちの気持ちは伝わったようだ。これで向こうにも気合いが入っただろう。福島から真っ先に乗り込んできたのは無駄じゃなかった。

東電本店を出た吉沢は、その足で丸の内警察署に飛び込み、宣伝カーの街宣許可を求めた。ところが、津波や原発事故の被害が広がる気配を見せている今は時期尚早だと諭された。丁重な対応に、吉沢は納得して出直すことにした。次に、霞が関の農林水産省へ。ここでもうまいぐあいに担当者に会うことができ、「国として牛たちをレスキューする手立てを考えてほしい」と、こちらの言い分を伝えた。

吉沢は、経済産業省内の原子力安全・保安院にも抗議に出向いた。日付は変わり、すでに三連休にかかっていたが、名刺を渡すと入ることができた。「何が原子力安全だ、保安だと。何度も爆発したじゃねぇか。あんたがたは原子力危険〝不安〟院だ」と揶揄し、「放射能と飢餓で牛が死んじまう」と訴えた。首相官邸にも行って、枝野官房長官に面会を求めた。警察官は取り次いでくれたが、「いきなりアポなしで来てもらっては困る」という返事で、会うことはできなかった。

吉沢は、せっかく東京へ来たのだから浪江町の避難者のために募金活動もして帰りたいと考え、スーパーの前の路上で町の窮状を訴えた。間に合わせの段ボールの募金箱に集まったお金は、そのまま浪江町役場に届けた。ガソリンを節約しながら寒い車中泊を続け、福島に戻ったときには一週間が過ぎていた。

その後も吉沢は、毎月のように東電本店訪問を続けることになる。村田から預かったエム牧場の損害賠償請求の明細書を届けるためだ。まずは新橋駅前辺りで街宣活動をして、喉が渇いたまま東電本店にたどりつく。「水を一杯ください」と所望し、「いやぁ、いまそこで大声を張り上げてきたんですよ」と、応対する東電社員ににっこり笑いかける。国と東電を激しく攻撃した口を、冷たい水で潤すのである。吉沢には人を食ったようなところがあるが、妙に憎めない茶目っ気もある。浪江の牧場で採れたシイタケ、キノコの類を土産だと言って差し出す。「検査機関で測ったら四万ベクレル。置いていくけど、食べられないよ、見るだけだよ」と釘を刺しながら。

吉沢が初めて東電本店に乗り込んだその日、浪江農場では村田が背水の陣を敷き、牛舎の扉を開け放った。三三〇頭のうち、牛舎内で飼っていた二三〇頭を前の牧場に放ったのだ。ふだんどおり電気が来ていれば、牧場を取り囲む電気牧柵が牛たちを囲い込んでくれるが、停電が解消されないかぎり、いずれ牛たちは柵を壊して外へ出ていくだろう。付近の民家の庭や田畑を荒らすことも予想できた。

だがしかし、これだけの頭数の牛を、どうして餓死させられるだろう。賠償ですむ問題ではない。村田は残っていたおからなどの飼料を全部ばらまき、乾草を積み上げた倉庫の扉も開放して、牛たちが勝手に食べられるようにした。それもじきに底をつくことは目に見えていた。

東北の冬は長い。牧草が生えはじめる五月まで、あと二ヵ月足らず。三日に一度ぐらいなら、なんとか餌を運び込むことができるかもしれない。それでどこまで牛たちの逃走を食い止められるかわからないが、断水した牛舎に放っておけば全頭が餓死してしまう。

ここで生まれ育った牛もいれば、村田が沖縄まで出向いて仕入れてきた牛もいる。生後三〇ヵ月の出荷直前の牛は、吉沢の丹精で見事に肥育され、悪夢のようだったこの一週間を経ても、威風堂々たる体軀に衰弱の影は見られない。その一方、痩せこけて悄然と突っ立っている母牛、しょんぼりうずくまっている子牛の一群もいる。限られた餌を奪い取る力のない者たちだ。この牛たちは弱り果てていくしかないのか。

想像もしなかった耐えがたい作業をひとりで終えた村田にとって、この日は牛飼いとして最もくやしく、悲しく、屈辱的な日となった。

牛飼いは「見棄てない」

一九五五年生まれの村田淳は、岩手大学農学部畜産学科で飼養管理を学び、一九七七年に卒業してから二〇年間、福島県経済連で農協職員として勤務した経験をもつ。二本松市の稲作専業農家の生まれだが、村田が小学生のころ、父親が牛を飼いはじめた。そのころ家には約二〇頭の乳牛がいて、学校から帰ればいつも牛と遊んでいたというから、牛とのつきあいは長い。酪農から和牛の繁殖・肥育に転じ、一九九五年に四〇歳で有限会社エム牧場を設立。二年後の九七年に、出向していた農協中央会を退職してからは、従来の畜産業の枠にとらわれない発想で、農場の規模をどんどん拡大してきた。

狂牛病とも呼ばれるＢＳＥ（牛海綿状脳症）の問題で畜産農家が痛手を被ったときには、思い切って新たな市場開拓に活路を求めた。食肉卸業者が間に入り、地産地消を唱え福島県を中心にスーパーマーケットを展開する株式会社ヨークベニマルと、産直に近い取引形態を実現。できれば顧客の顔が見えるような地元で消費してもらいたい生産者と、安心できる地元のものを口にしたい消費者が結びつき、地場のスーパー系列店での販売は軌道に乗り、結果的に売り上げを伸ばすことができた。

ＢＳＥに対しては、全頭検査などの対策も功を奏した。今回も全頭検査は必至だろうが、原発事故に収束の見込みが立っていない現状では、これから起きるであろう出荷停止や風評被害をどのように乗り越えていけるのか、お先真っ暗だった。経済的価値を失ってしまった多数の牛をかかえてやっていけるのか。放射能汚染地に残された牛の世話を誰が、どのようにしてするのか。やはり、あの牛たちを放棄したほうがいいのか。

村田は二本松農場に従業員を集めて意見を聞いた。牛と自分たちは、今後どうしたらよいのか。

「ただ避難しろと言われて、ほとんどの農家は牛を置き去りにして逃げた。無理もない。そうするしかないんだから」

「おれたちはどうするか」

　わかっているのは、浪江農場の牛には行き場所がないこと。エム牧場所属の他の農場にも収容するスペースがないし、放射能の不安もある。

「放置して撤退するしかない」

「危ないからもう行かないほうがいい」

「いや、最後まで面倒を見よう」

　意見は交錯し、激論になった。結局、村田の判断に委ねられた。

　結論は「見棄てない」。

「おれら、こういう仕事をしていると、牛もパートナーだよな。みんなで手分けして、やれることは最後までやるべ。年長のおれと吉沢さんが餌やりに通い、若え(わけ)のはこっちに残っている牛をきちっと面倒見てくれ」

　東京から戻った吉沢は、この結論を聞くまでもなく、腹を固めていた。村田と吉沢は三日に一度、モヤシかすなどの大袋五トン分を、クレーン車に載せて運びつづけた。

　震災から一ヵ月余り、浪江農場への途中の検問は「自己責任」という押しの一手で通過できた。が、四月二二日以降、原発の半径二〇キロ圏内が警戒区域に指定されてからは、完全に立ち入り禁止となった。村田と吉沢は、警察官のいない裏道の封鎖地点に設置されたバリケードを横にずらし、無理やり通過していった。

検問を避けて裏道を選べば、そこはトラックがやっと通れるだけの狭い山道。運転を誤れば谷底へ真っ逆さまだ。幸い、雪の季節は過ぎていた。が、油断して、あるいは「敵情視察」と称して、帰途に広い道路から出ようとすると、やはり検問に引っかかった。そのつど、南相馬市の警察署に連れていかれて始末書を書くはめになった。

災害対策基本法の規定に基づいて設定された警戒区域では、立ち入りが制限・禁止され、退去が強制される。違反者は一〇万円以下の罰金、または拘留となる。これを免れるためには、立ち入り許可を正式に得るほかない。村田と吉沢は、南相馬市役所に何度も足を運び、立ち入り許可証を申請したが、断られつづけていた。

ところが、そのころ知り合った衆議院議員の高邑勉（たかむらつとむ）から、「家畜の衛生管理」という名目で申請してはどうかという助言を受けた。高邑は山口県出身であったが、民主党の災害対策本部副部長を務めており、震災一〇日目から南相馬市で支援活動を熱心に続けていた。

村田たちはそれまで「餌やり」という名目で、立ち入り許可を求めていた。たしかに、気温が上がってくると餓死した家畜の腐敗が進み、病原菌の温床にもなりかねない。そこで助言どおり書いて出すと、すんなり許可証が下りた。

やれやれ、胸を張って検問を通過することができる。もうしばらくすると牧場に草が生えそろう。そうなれば餌運びは、三日に一度のペースではなく、週に一度ですむだろう。ほっと胸を撫で下ろした矢先のことだった。

五月一二日、警戒区域に生存している家畜について、政府は福島県に安楽死処分を命じた。その数日前、村田と吉沢は、枝野官房長官が「警戒区域に立ち入って餌を与えている農家がいるが、きわめて危険だ」と、報道陣の前で語るのを聞いていた。

この官房長官の発言と、なんの理由も示さない内閣総理大臣の安楽死処分指示によって、エム牧場には逆のスイッチが入ったと村田は言う。一方的な殺処分に対抗する気構えで、いよいよ社内の結束が強まった。

「おめえら、やることもやらねぇで、勝手なことばっかり言ってるな。この二ヵ月間、助け出す時間はあったべ。チェルノブイリでさえ、牛たちを移動させたというじゃねぇか。おめえらの言うとおりにはできねぇ。負けてられねぇ。今まで生かしてきた命を無駄にしてたまるか」

放射線被曝は、口蹄疫(こうていえき)のような伝染病ではない。汚染牛が出回ることを防止する必要はあったが、それはきちんと管理すればよいことだった。実際、計画的避難区域では、家畜の避難移動策が計画・進行していた。

安楽死処分の指示が出される六日前の五月六日、福島県は飯舘村などの計画的避難区域に残っている肉牛・乳牛八六一四頭について、約二〇〇〇頭を県内外の牧場に避難移動させ、残りは出荷を前提に、本宮市の県家畜市場で臨時の競りを開くことを発表していた。県畜産振興協会がこの費用を全額負担し、東電に損害賠償を請求。移動前に県がスクリーニングを実施し、人における当時の全身除染基準値と同じ一〇万ｃｐｍ（一分あたりの放射線の数）を超えた場合、除染作業を行う計画である。

福島県酪農業協同組合はすでに、国や県が何も策を講じないため、独自に計画的避難区域と緊急時避難準備区域の乳牛の避難移動に着手していた（四月八日から未経産乳牛二四三頭、六月一日から経産乳牛一九四頭の県南地区などへの移動を実現）。

原発から半径二〇キロで線引きされた警戒区域の中では、各地域ごとの線量に大きな差があり、計画的避難区域よりもはるかに低線量の地域もあった。にもかかわらず、国は家畜の救護移動策を放棄し、無策の果てに、安楽死処分という最も安易で短絡的な手段に走ったと言わざるをえない。

「所有者の同意」「苦痛を与えない方法（安楽死）」という条件つきの殺処分政策を推し進めた人たちは、餓死か安楽死処分かという状況下では、農家は安楽死処分を選ぶしかないと考えたのかもしれない。また、生きものが大量に死ぬ状況の悲惨さを理解できなかったのかもしれない。結局出された指示は、死亡家畜に対して敷地内での消石灰散布とブルーシート被覆のみで、移動や埋却は禁止するというものだった。

原発事故前までは、牛が病気などで死亡すれば、死亡獣畜を専門に取り扱う施設に搬送してきた。ところが、指示では安楽死処分された家畜も同じく放射性廃棄物扱いで、当初は埋却も許されないという、農家にとって受けいれがたいものだった。家族のような牛を殺したうえ、埋めもせずに放置するなどとうてい同意できないと、農家は激しく反発した。

しかし七月六日に、死亡家畜の「一時保管としての埋却」が可能になったころから、安楽死処分に同意する農家がだんだん増えていった。ただ、村田や吉沢のように警戒区域内のあちこちに横たわっている牛たちの無残な姿を目にした農家の多くは、これ以上餓死も安楽死処分もあってはならないと、同意書への捺印(なついん)を拒否しつづけた。

餌やりに行く道沿いの牛舎を覗くと、今にも息絶えようとしている牛がこちらを向き、最後の力を振り絞って鳴いている。水、水と言っているのがわかる。その声が耳について離れない。崩れてゆく母親の死体に寄り添い、離れようとしない子牛もいた。

餓死にしろ、安楽死処分にしろ、どうせ牛は殺されて肉になるのだから、と言う人がいる。たしかにそうだ。だが、それは「幸せな死に方」なのか。牛にとって何が幸せな生き方であるのか、私にはわからない。それでも、広々とした牧場で、食べるものを食べ、好きなときに水を飲んで、のびのびと育つ生活が幸せに近いことは想像できる。村田は私に、牛にとっての「幸せな死に方」を語った。

「命あるものは遅かれ早かれ、いずれ死ぬって決まってる。じゃあ、どういう死に方をするのが、その生きものにとって幸せなのかということを突きつめると、やっぱり牛にとっては屠畜場で肉になり、本来の使命を全うするのが、いちばん幸せな死に方に思える。おれは、屠畜場に行く牛をかわいそうだと思ったことはない。母牛から生まれた子牛が育って一人前になり、普通の肉牛なら三〇ヵ月の命を全うする。やあ、おめえら、無事まともに仕上がって、牛の一生を全うできて幸せだな、と思いながら送り出してやりますよ。

　屠畜場で、死は一瞬。あれは痛くもかゆくもない。おれは、生きもののなかで人間はいちばん辛い死に方をしていると思うよ。間違いなく死ぬに決まっているのに、一分でも一秒でもと生かされつづける。これは苦痛だと思うんだ。だから、おれは家族に言ってある。おれが病気になっても管だらけには絶対にしてくれるな、もはやこれまでと思ったら早く死なせてくれと。

　牛も、不幸にして途中で病気になって死んでしまう者がいる。これは我々人間だって同じこと。いたしかたなし、受けいれるしかない。ただ、それ以外の死は不幸だと思うよ、おれは。

　たとえば、安楽死とか餓死とか、これは不幸なことですよ。なんの意味もなく殺されること、なんでこうなっているのかわからないままに飢え苦しんで死んでいくようなことがあってはならない」

警戒区域の牛に、安楽死か餓死か、それ以外の生き方はありえないのか。幸せな死に方はありえないのか。

村田も吉沢も、安楽死でもない餓死でもない、それ以外の生き方を探っている。吉沢は、安楽死処分に抗して牛を飼いつづけることは、「生きる意味」をめぐる闘いだと言う。

「牛の経済的価値は失われ、もはや家畜ではない。ここにいれば被曝はするし、これから先も餌代はかかる、手間もかかる。そこになんの意味があるのか。それを見いださないかぎり、自分らのやっていることには意味がない」

第二章 飯舘村の牛たち

人も牛も姿を消した

震災の夜の難産介助

福島県相馬郡飯舘村松塚。二〇一一年三月一一日、震災当日の夜一〇時。停電のために漆黒の闇となった牛舎の中で、懐中電灯の明かりがひとつだけ揺れていた。

その光の輪の中に、打ちつづく余震よりも激しく、全身を内側から揺り動かす自らの陣痛に震えているものがあった。分娩予定が一四日遅れた黒毛和種の雌牛。難産だった。

牛を取り囲んでいる三人の男の影が揺れる。陰門から産道に腕を入れている、平野康幸獣医師。その両側で見つめる牧場主の山田猛史と息子の豊。懐中電灯を照らしているのは、猛史の妻の陽子。平野と山田猛史の二人はともに一九四九年生まれ。若いころから飯舘村の畜産のあり方を語り合ってきた仲だ。牛の難産にも阿吽の呼吸で対処できる。

光の輪の中にあるのは、雌牛の陰門と下腹部。このさらに内部、光の届かない温かい闇の中から、新しい命の塊がかぼそい光のほうへ進み出ようとしていた。

雌牛は初産であった。子宮頸管（けいかん）も産道も陰門も狭く、弛緩（しかん）して十分に拡張するまでには時間を要する。それでも、陣痛とともに腹部が揺れ、子宮筋が収縮し、胎児は頸管から産道へと移動しつつあった。

平野は胎胞が破れないように、慎重に、慎重に助産を進めていた。胎胞は、胎児をつつんでいる羊膜を含む半透明の風船のような袋である。胎胞を内から外へ押し出させることによって、産道が徐々に広がる。しかし、狭いところで早期破水してしまったら、過大になった胎児はもう出てこない。帝王切開が必要になる。停電のなかで帝王切開だけは避けたい。平野はこれまでに、深夜の牛舎で帝王切開手術をしたこともあるが、ただし、そのときは懐中電灯一本だけではなく、大きなライトがあった。

仮に帝王切開までいかなくても、破水すれば胎児自身の体で産道を拡張するしかないので、牽引（けんいん）が必要になる。平野はかつて山田親子と一緒にこの牛舎で、胎児の足にロープを結び、陣痛に合わせながら引き出したことがあり、今回も滑車とロープの用意は万端整っている。とはいえ、無理に引っぱり出そうとすると、引く方向を誤らなくても、産道裂傷を起こし、内出血で母牛が死んでしまう危険性もある。

平野はゆっくり、ゆっくり、産道を広げる動作をした。遠くで、パトカーや消防車のサイレンが響いていた。長い、長い一日がまだ続いている。

この日は朝から快晴で、風が冷たかった。平野は繁殖障害の牛や、下痢のひどい子牛、第四胃変位を起こしている乳牛などを診て、妊娠鑑定も行った。

往診から戻って、ひと息つこうとしていた午後二時三〇分ごろ、松塚地区の山田牧場の息子の豊から電話があった。

「牛、まだ生まれないんですよ」

分娩間近の牛が産房の中をぐるぐる、ぐるぐる回るのをやめない。難産が予想される、中を一度覗いてみてくれないかという。

平野の車が県道一二号線から山田牧場へ続く村道に入ったとき、ハンドルが急に重くなった。タイヤがパンクしたのかと思って停止し、ドアを開けた。右足を地面に着けようとしたが着かない。車も地面も自分の体も大きく揺れて、もう立っていられない。一瞬、目眩に襲われたのかと思ったが、足元の道路が激しく波打っている。車につかまって上を見ると、送電線も波打っている。

地震だ！

大地が叫んでいるような地響きだった。平野は胸が悪くなったが、長かった揺れがおさまると、気を取り直してあたふたとハンドルを握り、やっと牧場にたどりついた。が、誰も出てこない。携帯電話で豊を呼ぼうとしたが、つながらない。車に戻ってみると、近くの家の屋根から瓦が落ちて、買ったばかりの山田猛史の車のフロントガラスを割っていた。

牛舎を見に行こうとしたとき、家の中から陽子が走り出てきた。猛史は不在、豊夫婦は保育所まで子どもを迎えに行ったという。家の中を覗くと、いたるところに物が散乱していてめちゃめちゃになっている。平野は「せっかく来たんだから牛を診て帰る」と言ったが、ぶるぶる震えている陽子は平野の白衣をつかんで放さなかった。

帰途、県道一二号線は災害対策支援の車輛（しゃりょう）、県警パトカー、消防車などが走りまわっていた。平野の自宅の被害は少なく、皿が数枚割れ、書斎の書籍や資料、ロッカーの薬品などが散乱した程度ですんだ。妻とラジオを聴きながら、ろうそくの灯で夕食をとり、居間の石油ストーブのそばで服を着たままうとうとしていたときだ。猛史が車で突然やってきた。

「電話が通じないから来た。難産になってしまったようだ」

立ち話で地震の様子を少し話しただけで帰っていった猛史の後を、平野は急いで車で追いかけた。

「地震のせいで陣痛が始まったな」と冗談を言いながら平野が牛舎に入ると、助産に必要なものは全部用意されていた。ただ、光がなかった。照明設備は役に立たず、ろうそくは風で吹き消される。懐中電灯だけが頼りだった。

光が及ばない牛の大きな上半身は、暗闇に呑み込まれている。牛舎を吹き抜ける風の音に交じって、断続的に牛の低い呻きが繰り返される。経産牛だったら、あまり心配はいらない。だが、この牛は初産で、過大胎児を宿していた。

腹部と子宮の筋組織の収縮が繰り返され、母体の娩出力は高まっていた。胎児の姿勢が変化する。母胎内でずっと頭部と四肢を屈曲させて、自分の容積を小さくする姿勢をとっていた胎児は、しだいに回転して下向きに四肢を伸ばし、今や産道へ進み出ようとしていた。

牛が激しく息むたびに、平野の肩と腕が小さく動く。破水を避けながら注意深く、胎胞の動きを利用して産道を広げていく。見守っている人間も、おのずと牛に呼吸を合わせるようになる。地震で破損したのか、牛舎への風の侵入がますます激しい。

「よしよし、頑張ったな。前足と頭が頸管を通過したぞ」

平野が母牛に、あるいはまだ見ぬ子牛に、やさしく話しかけた。山田親子はそれを聞いて、うなずき合い、平野に問いかけた。

「そろそろ綱を渡そうか」

「いや、もっと先だ。まだ破水していない。慌てちゃだめだ」

通常は牽引器具など使わなくても、牛は自然に分娩する。しかし、初産で長期在胎、これだけ過大胎児になってしまっては難しい。

吹き抜ける風は冷たいが、平野はびっしょり汗をかいていた。揺れる光の輪の中心で、陰門から胎胞が見え隠れしている。胎児の前足が透けて見える。胎児は産道の中で一進一退を繰り返しているようだ。

「よし、今だ、綱をくれ」

平野は素早い動作で、左右の前足にロープを結んだ。自分は胎児と産道の間に手を入れて間隙を広げ、山田親子に合図してロープを引かせる。親子は陣痛に合わせて、指示された方向に左右の足を交互に引っぱる。滑車を使えば楽だが、引く方向の微妙な調整が利かない。

「猛史さん、おれと同い年だから、まだ体力があるだろう」

母牛だけでも三〇頭近くいる山田牧場のことだから経験があり、滑車なしで牽引しても、三人の分娩介助の呼吸はぴったり合っていた。

「それっ、もっと肩を抜くんだ」

骨盤より肩の幅が広いと、胎児は産道を通り抜けられない。肩を少し斜めにひねるようにすることによって、肩幅を骨盤の幅にできるだけ近づけるわけである。

平野が陰門にぶつかっている胎児の頭頂部に手のひらを当てて誘導すると、頭がするりと出た。そこで、母牛がちょっと小休止してから、再び激しく息むと、子牛の胸部がぐぐっと現れ、続いて、臀部（でんぶ）と後足も滞りなく娩出された。

やっとのことで生まれ出た子牛は、懐中電灯の弱い光を浴びていた。が、鳴かない。

仮死状態だった。平野は全く慌てる様子もなく、目を細めて「おーい、どうしたんだぁ?」と笑みをたたえ、きれいな敷きワラを一本つまみ上げる。それを子牛の鼻の中にちょいと突っ込んだ。

ガハーン!

くしゃみと同時に、肺の中に空気が送り込まれ、子牛はモーッと、ひと声鳴いた。豊が子牛の口や鼻の中を丁寧に布で拭う。母子とも無事だった。

「豊君、こんな大変な夜だけど、この子が初乳をちゃんと飲むかどうか、見てやってくれ」

平野は豊に子牛の世話を頼み、足元を懐中電灯で照らしてもらいながら、車の場所まで戻った。エンジンをかけると、ヘッドライトに照らされた闇に霧が流れていた。帰路、一台の車にも出合わず、街には明かりひとつこぼれていない。遠くでパトカーや消防車のサイレンが響くたびに、点滅する赤いライトを想像するのみ。帰宅後、夜が更けても余震は続き、平野は眠ろうとしても眠れなかった。

支援者が避難者になるとき

福島県いわき市出身の平野康幸は、一九八三年から飯舘村の牛を診てきた。酪農学園大学を卒業後、北海道の農業共済組合の家畜診療所で一〇年間の獣医師生活を経て、父親が病に倒れたことを機に、ふるさとの福島へ戻ってきた。当初は、福島県農業共済組合連合会浜(はま)家畜診療所の飯舘駐在所勤務で、飯樋(いいとい)にあった家畜診療所の宿舎に住んでいたが、駐在所が廃止・統合されてからは臼石(うすいし)地区に住居を構えた。

農業共済組合の家畜診療所業務は、農業災害補償法に基づく共済事業を行う組合の加入地区で、乳牛、肉牛、豚、馬などの産業動物を診療することである。平野は三四歳から飯舘村担当として勤務し、五六歳のときに独立して平野家畜診療所を開いた。開業は、県北地区の所長となって転勤する話が来たのがきっかけだった。飯舘村の牛と土地に愛着があったからというか、牛飼い農家の人間たちに魅力を感じていたため、飯舘で開業に踏み切ったのだった。

平野が北海道から飯舘に移ってきた約三〇年前には、夢をもって畜産業に取り組んでいる同世代の若手がたくさんいた。彼らは村が振興してきた畜産の担い手であり、すでに二〇代前半から黒毛和牛の改良や産地の視察研修などを通じて横のつながりも強かった。

平野は北海道では乳牛を中心に診てきたから、生産者、経営者として和牛について語る彼らの言葉は新鮮であった。飯舘村が現にどういう問題をかかえていて、これを克服するにはどうすべきか。米の減反政策はこれからも進むだろうし、葉タバコも将来は減反を余儀なくされるだろう。我々が五〇歳、六〇歳になったとき、どうなるのか。いい牛を飼育し、畜産・酪農の村にしようではないか。平野の家では、しょっちゅう四、五人の仲間が集まり、酒を酌み交わしてはそんな話に花を咲かせていた。

平野は、牛の病気の解説もした。難産でないかぎり、出産もできるだけ自分たちで乗りきるのがいいと勧めてきた。経験を積めば、助産の際、産道に手を入れて、産道が狭いとか、子宮がねじれているとか、胎児が大きいとかを判断できるようになる。正常な状態をしっかり覚えておくと、異常が察知できる。事前にチェックしていれば、事故を減らせる。実際に、難産の介助や手術で助手を務めるまでの実力を備えた農家の後継ぎも出てきていた。

震災の翌日、依然として停電、電話も不通というなか、平野は乳牛の第四胃変位、子牛の下痢など、三戸三頭の牛を診た。村内の家屋は瓦が落下した程度と、損害は少ないこともしだいにわかってきた。

三月一三日。電話は相変わらず不通だが、夕方には電気が復旧した。平野は、ここで初めて津波来襲の衝撃的な映像、原発一号機の爆発をテレビで知って絶句した。いわき市の実家に帰るとき、平野はいつも東電福島第一原発の近くを通っていた。あの見慣れた街並みが消え去り、原発で想像もつかない惨状が進行していることに恐怖を感じた。

そんななかでも牛たちには待ったがない。この日は、子牛の下痢、肺炎など、三戸三頭を診療。翌一四日には、乳牛の第一胃アトニー（胃の筋肉が緊張を失い、弛緩して動かなくなる症状）、繁殖障害、子牛の下痢、子牛の死亡確認など、四戸四頭を診療。ちなみに繁殖障害の診察では、腕を肛門から挿入し、直腸壁を介して卵巣や子宮を触る直腸検査を行う。子牛を産ませて育てる繁殖農家にとって、繁殖障害は家計を圧迫する要因となる。

平野は、ふだんと変わりなく診療を続けた。農家を訪問すれば、どこも津波の話でもちきりだったが、それに加えて、しだいに原発事故の様子が語られるようになってきた。しかし、飯舘村の中心部は福島第一原発から約四〇キロ離れていることもあり、村民の多くはまだ遠い世界の出来事のように感じていた。

二号機からの大量の放射性物質放出、四号機の水素爆発が起きた三月一五日、飯舘村には雨が降り、夕方から雪に変わった。半径二〇〜三〇キロ圏内に屋内退避の要請が出た。飯舘村は南東の一部を除いて、三〇キロ圏の外に位置している。この日は、午後から北西方向に強い風が吹いていた。前日の三号機の水素爆発以来、飯舘村に大量の放射性物質が降りそそいでいることを知る者は、村民のなかにはほとんどいなかった。平野もそんなことは知るよしもなく、平常どおり診療を続けていた。

翌三月一六日は冷え込みが厳しく、平野は靴下を二枚重ねて履いた。昼間になって電話がようやく開通し、平野が昨日治療した牛の様子を聞いていると、往来の車のクラクションの音に電話の声がかき消され、家の周りがにわかに賑(にぎ)やかになってきた。このころ飯舘村には、南相馬市と双葉郡の住民が避難してきており、役場、ＪＡ、商工会の職員、消防団員らが、小学校の体育館や宿泊施設などへ避難者を誘導していた。地域の婦人会や、ＪＡ、商工会の女性部は炊き出しに大わらわだった。平野は休診し、相馬地方農業共済組合の職員を自宅に受け入れようと捜して回った。太平洋側の南相馬市から飯舘村を抜け、内陸部の川俣(かわまた)町へと続く県道一二号線は、もはや身動きできないくらい車が渋滞していた。

三月一七日以降も、平野は変わらず診療を続けた。雪が多く残っている牧草地や田畑の間をぬって走っていると、目に焼きついたテレビの映像が現実の世界とは思えない。立て続けに起きた原発の爆発、消防車による放水、自衛隊ヘリによる空中散水……。はたまた目の前の残雪の銀世界のほうが現実ではないような気もしてくる。往診先の農家では、物流停止による餌不足を懸念しはじめていた。

三月二〇日になり、飯舘村の簡易水道水から摂取制限基準値の三倍を超える、一キログラムあたり九六五ベクレルの放射性ヨウ素が検出された。また、飯舘村ではないが、原乳から基準値を超える放射性ヨウ素が検出され、翌二一日には国が福島県産原乳の出荷制限指示を出した。

これ以降、酪農家は毎日、乳を搾っては廃棄しなければならなくなり、苦悩が増していく。放射能の不安と、かさむ餌代が、それに追い討ちをかけた。

平野が往診した先で、重機で掘った深い穴に搾ったばかりの乳を捨てている姿が目に飛び込んできた。

「先生、見てくれ。くやしいよ。嫁さんは昨日から大泣きで、飯の支度もできてねぇんだ」

真っ白い乳が黒い穴の中に落ちていき、土に吸い込まれるどころか大量の乳が池のように溜まっている。また運ばれてきた乳がジャージャー音を立てて落ち、波紋を描いていく。夫婦はそれをじっと見つめている。

「相変わらず放射能が高くて、牛飼い以外はみんな避難しちゃったよ。牛どうすっぺなあ」と嘆く声を聞いても、平野には慰める言葉もなかった。すでに村外からの避難者は、村を去っていた。

飯舘村は一一日から避難者への対応を開始し、その数は一三日、一四日と増えつづけ、最大一三〇〇人を受け入れた。住民六〇〇〇人余りの村が、一挙に人であふれかえった。水とガソリンが不足しているなか、千数百人分のおにぎりを作り、寝られる場所を用意するために、村民総出の支援活動が続いた。

しかし、一四日に起きた三号機水素爆発の報道が広がるにつれ、避難者は次々に村を離れていった。公の避難指示は出ていないが、放射能被害の危険性が洩れ聞こえるようになっていた。一八日には小学校の避難所が廃止された。いつのまにか自分たちが避難する番になっていたのだ。いや、もう遅すぎるかもしれない。

避難者を支援していた人々が、あれよあれよという間に避難者の側に立たされている。

同じような事態は、浪江町の津島地区でも起きていた。地区住民の六倍近い、約八〇〇〇人の町民が一二日に大挙して押しよせ、小学校、中学校、高校や各施設は、避難者でいっぱいになった。そして、一五日の三〇キロ圏内の屋内退避要請を境に、潮が引くようにいなくなった。あとは人影もなく静まりかえり、どことなく空虚な集落が残された。

避難者に寝食を提供するために協力し合って、てんてこ舞いで動きまわっている大人たちを尻目に、小さな子どもたちは雪が舞うなかで遊び、夜遅くまで起きていた。どこかお祭りのような賑やかさを感じながら。その祭りのあとの、ひっそりとした寂しさ。今度は一転して親の慌てふためきぶり。そうだ、ここにいてはいけない。

そもそも避難すべき場所が間違っていた。飯舘村も津島も、放射性物質が飛散した危険な方向に当たっていた。一一三億円もの巨費を投じて開発されたＳＰＥＥＤＩ（スピーディ）（緊急時迅速放射能影響予測ネットワークシステム）の試算結果は、全く公開されなかった。

助けようとした人々の善意は、無駄になってしまった。自分たちこそ避難者だったのだ。

子どもを外で遊ばせていたこと、沢の水で米や野菜を洗ったことで自分を責める親もいた。危険と知らずに避難者を歓迎したことを悔いる人もいた。無償の美しい時間。裏切られた不条理な時間。これは日本の国家が償わねばならない時間だ。ここにいた子どもたちの被曝の追跡調査を怠ってはならない。

「将来、赤ちゃん産めますか？」

牛飼い農家の村に、存亡の危機が迫っていた。

平野は畑で草を食む親子牛の群れを見ているうちに、取り残されて野良牛になるのを心配する自分に愕然とした。畜産農家の先行きは全く見えなくなったが、まだ村には牛がいる。三月下旬にかけて、平野は診療を続けた。牛がいるかぎり、仕事をしなければならない。

「先生、すぐに来てほしいんだ。分娩した乳牛が腰抜けになっちゃったよ」

平野が行ってみると、雌牛は産後の起立不能で、陰部から子宮が飛び出す子宮脱を併発していた。カルシウム補液を注射し、子宮を戻さなければならない。近くの農家に助手を頼み、牛の尻を天井に吊るしたカウハンガーで持ち上げた。前足を折りたたんでいる牛に、頭を低く尻を高くする姿勢をとらせて、子宮を破らないように慎重に押し込んだ。

平野が飯舘村に来た当初は、ほとんどひとりで多数の手術をこなしていたため、当然、準備や後片づけなども含めて時間がかかった。そのうち、意欲的な農家の若手を見込んで、補助的な作業を指導したり、人工授精師の資格も取るように働きかけた。これで診療がスムーズに運ぶだけでなく、彼らの牛の日ごろの健康管理や衛生管理にも役立つことになる。この日も、平野が到着したときには、飛び出た子宮はビニールシートの上で、汚れないように、傷つかないように保たれていた。

牛には原発事故は関係ない。震災後も平常と変わりなく、病む牛もいれば癒えていく牛もいる。村全体を覆う重苦しい空気を感じながら、平野はひたすら獣医師業務に専念した。

処置をして帰ったその翌日、また連絡があった。子宮脱を起こした牛に食欲が全くなく、水のような下痢便が続いているという。平野が往診すると、眼球が陥没し、右腹部の広範囲に金属音が聴取された。カランコロンと、階段を物が転がり落ちていくような音に近い。第四胃右方変位と診断し、直ちに開腹手術を行った。牛にとって第四胃は人間の胃と同じく、十二指腸につながっている。限られた狭い空間の中でガスが発生している胃は、下手をすると破裂を引き起こす。胃が持ち上がることにより、蛇腹状の十二指腸が伸びて、水分が腸の中に入り、下痢と脱水症状を起こす。開腹すると、やはり胃が捻転を起こし、ねじれていた。近所の農家の二人にも手伝ってもらい、手術はうまくいった。

「ここで牛飼い、いつまでできっかなぁ？　先生はこれからどうすんだ？」

「おれのことより、自分の心配しろよ」

「大学の先生がやってきて、飯舘村は安全、心配しなくても大丈夫と言ったって」

「まあ、その反対を言う人もいるしなぁ」

三月下旬以降、研究者が国や県の役人と一緒に来て説明したり、また自発的に線量調査に訪れるようになっていた。平野はじわじわと破局が迫りくるのを感じながら、目の前の仕事に没頭した。

「ここで牛さえ飼えるなら、どこへも行きたくねぇよ。飯舘牛といやぁ、ちっとは知られてきたブランドだったのに……」

会話が滞ったそのとき、平野に電話が入った。会津に避難している農済家畜診療所時代の後輩からだった。相馬郡新地町の牧場で、初産の乳牛が難産らしいので行ってくれないかという。平野は休む間もなく、片道五〇キロの道のりを、帰りのガソリンを気にしながら飛ばしていった。

日暮れの道を迷わずたどりついたのはいいが、牛はおとなしくしていない。産道から子牛の足が一本出ている。そんな状態で逃げまわろうとするのを、どうにか捕まえて足を縛った。子牛は胎内で首がねじれ、右前足が曲がって、すでに死亡していた。

　母牛だけでも、また子が産めるように助けなければならない。母体を傷つけずに子牛を引っぱり出すために、曲がっている首と前足部分を直そうとするが、手が届かない。助手になる人もいない。片方の足を引っぱって切断し、なんとか手の入る隙間をつくることにした。切断したほうの足を押し込むようにしながら、顎のあたりをつかもうとした。平野は、臨床獣医としては腕が長いほうだが、それでもだめだった。届かない。すでに一時間半以上かかっていたが、やむなく帝王切開に切り替えた。

　手術は午後一一時三〇分に終了。結局五時間かかったことになる。帰路、沿岸を走っていると、家屋に乗り上げている船や車、高さ五メートルほどに及ぶ瓦礫の山が、道路脇から迫ってくる。不気味なほどの暗黒と静寂。街のすべてが津波に破壊され、津波は小さな光までさらっていった。明かりはどこにもなかった。

　飯舘村への長い上り坂にさしかかると、ガソリン切れを示す小さいライトが点滅しだした。この日はなんとか家までたどりついたが、ガソリン不足はさらに続いた。給油制限のため朝から長蛇の列に二時間余り並んでも、二〇〇〇円分のガソリンしか入れてもらえなかった。

　幸い、第四胃捻転の手術をした牛と、帝王切開手術をした牛の術後の経過は順調だった。

飯舘村では他県への集団避難が始まり、飼い主不在の牛の事故も起きるようになっていた。小宮(こみや)地区の繁殖農家の牛二頭が死亡しているという連絡が入り、行ってみると一頭は丘陵の石垣の上からの転落死、もう一頭は右目がつぶれた状態の出血死だった。二頭が喧嘩(けんか)して、角を突き合ったのが原因と思われた。飼い主一家は栃木県鹿沼(かぬま)市へ避難していた。

平野は、三月三〇日に相双(そうそう)衛生推進協議会からワクチン接種の要請を受けた。県の指示で、牛を競りに出す場合は、必ず移動証明書と五種ワクチンを接種しなければならない。いよいよ飯舘の牛が競りにかけられ、村を離れていくのだ。平野は牛を手放さざるをえない農家の顔を見るのが辛かったが、三月三一日に四八戸・九八頭、四月一日に四五戸・八六頭の牛にワクチンを接種した。

四月一一日、国は新たな避難区域の設定を発表し、飯舘村のすべてが計画的避難区域となり、全村避難が決まった。計画的避難区域に指定されれば、一ヵ月後をめどに区域外へ立(た)ち退(の)かねばならない。

四月一七日には枝野官房長官が飯舘村を訪れ、計画的避難区域についての説明があった。避難実施までの期間は一ヵ月間に限らず、ある程度柔軟に対処するというが、それはなんの慰めにもならなかった。平野は全村避難の決定を、無実の身で刑を宣告されたような思いで聞いた。

「今までなんの指示もなく、急に逃げろと言われても、どこへ行けばいいんですか。いつ帰れるんですか。仕事はどうなるんですか。障害者や老人をかかえた家族はどうなるんですか」

四人の幼子をもつ若い母親のこんな声に、平野は喉に込み上げてくる言葉を抑えかねた。「政府や東電関係者たちに言いたい。あなたがたにも家族があり、子どももいるだろう」と。

四月三〇日、診療を終えた平野は、午後七時から飯舘中学校体育館で開かれた住民説明会に妻と一緒に出席した。早めに行って前のほうに座っていた平野が振り返ると、立っている人も多く、立錐（りっすい）の余地がないくらいだった。東京電力の皷紀男（つづみのりお）副社長から謝罪と経過説明があり、住民からは質問が相次いだ。事故収束に向けた工程表が示されただけで、「検討いたします」「善処いたします」という答弁に、住民は納得できず、怒号が飛び交った。

「私、将来結婚できますか？　赤ちゃん産めますか？」

将来を夢見る年ごろの女子高校生の切実な発言に、平野は虚を衝かれ、会場は一瞬、水を打ったように静かになった。

乳牛も肉牛も消えてゆく

五月に入っても、相変わらず原乳の廃棄は続いた。社会の変動を何も知らない牛たちは、大地に乳をあふれさせ、新しい命を宿して生きている。

五月九日の早朝、平野がしばしば手術の助手を務めてもらっている飯樋地区の原田貞則の乳牛を診に行った。昨日分娩したばかりで産後の経過が悪く、起立不能だという。補液とカルシウム剤注射治療を行った。原田の妻、公子は「牛が好きだから、飯舘村を離れる最後の最後まで乳を搾ります」と、あくまで気丈だった。

翌五月一〇日には、原田の起立不能牛はよろよろと緩慢な動きながらも起立し、飼い主と平野を安心させた。

その夜、蕨平地区で和牛改良組合の研修会があった。会が終わってから、「先生、一杯飲むべ。帰りは送ってぐから」と誘われた。

「牧草は収穫できねえし、乾草をやりくりしたり飼料を買ってもちこたえてきたけど、餌はもう限界。夫婦二人で育ててきた子ども同然の牛を手放さざるをえねえよ。このおれたちの気持ち、先生ならわがってくれっぺ？」

先祖代々受け継いできた土地で牛を飼い、地道に培ってきたものが崩れてゆく。濁流に流されていくような牛飼い農家の行く末を思うと、平野はいくら杯を重ねても酔えなかった。

翌五月一一日、国と県、東電の三者による畜産農家への説明会が開かれ、飯舘村の畜産農家二四九戸のうち一二〇戸が参加した。

「避難するのであれば速やかに牛を処分し、畜産を続ける場合も村外へ出していただく」

「帰れる目安は何年後になるのか」という質問に、「現状ではいつまでとは申し上げられません」と、東電側は返答するだけであった。補償内容などの具体的な提示はなく、畜産農家の不安は一層増していく。

平野のほうは、妊娠鑑定に基づく証明書を発行する数が増えてきた。牛は競りに出す際に、妊娠しているかどうかで評価が違ってくる。また妊娠の月齢によっても異なる。たとえば妊娠四〇日の牛では、出産まであと八ヵ月間ほどの餌代がかかるが、お産を間近に控えていれば、出産までの餌代は少なくてすむ。母牛が何産目かということも評価基準になり、親が若ければ胎児の評価も高くなる。高齢出産や初産では、産乳能力が低くなるからで、子牛が大きく育ちにくい。母牛が三〜四歳で、二産目の子牛をお腹にもっている場合などが、とくに高い評価を得られる。

牛を手放そうとしている農家を回って妊娠鑑定を続けながら、平野はいよいよ避難期限が近づいてきたのを感じた。飯舘村から牛が消えてゆく。競りに出される者、避難者とともに移動する者、食肉処分される者など、牛たちの運命も大きく変わろうとしていた。

平野は朝の六時ごろから夜遅くまで駆けずりまわり、毎日一〇～二〇通の証明書を発行した。現場で妊娠鑑定をするには、肛門から手を入れ、直腸から子宮角を指で直接つまんで触知する直腸検査法を用いる。検査を重ねるごとに平野の肩は痛み、腕が上がらなくなってきた。

農家にとっては、これから開催される臨時競りが最後の晴れ舞台となる。が、悩みは深い。牛を競りに出すか、牛と一緒にどこかへ引っ越すか。売るか、売らないか。とにかく全頭スクリーニング検査のうえ、村から牛を出さなければいけない。

五月二六日に本宮市の家畜市場で開かれた臨時競りには、子牛七八頭、成牛二三三頭、計三一一頭が出場し、飯舘村を去った。

乳牛のスクリーニング検査や生乳のモニタリング検査も行われ、福島県酪農業協同組合を通じて県内の他地域へ売却された。高齢牛や能力（繁殖成績、乳量）の低い牛、慢性乳房炎などの牛は、家畜処理市場へ回される。

酪農家たちは震災後も毎日、牛舎を清掃し、餌を与え、子牛に哺乳し、朝な夕な搾乳してきた。

五月三一日、平野の目の前に、車に乗せられて運ばれていく牛に感謝し、涙ながらに手を振る酪農家夫婦の、いつまでも別れを惜しむ姿があった。

平野はこの日、「飯舘村から乳牛が姿を消した」と、診療日誌に記した。

平野自身は六月初めに福島市内に避難したが、蒸し暑いさなか、飯舘村に通っては多数の牛を診つづけた。飯舘村は福島市内よりも涼しく、新緑の光に満ちあふれていて、被災地であることを忘れてしまいそうになる。しかし、避難農家の牛舎を覗くと空っぽで、どこにも牛たちの姿はなく声もない。

相馬市の酪農家が「原発さえなければ」という言葉を堆肥舎の壁に書き遺し、縊死したことが、六月一四日に報道された。平野は以前、そこへ往診したことがあった。乳を搾っては捨てる日々、酪農家仲間には「避難指示区域ではないため、補償はないだろう」と話していたという。続けて、「残った酪農家は原発にまけないで頑張て下さい」(原文ママ)と記されていた。酪農家と顔見知りの飯舘村の農家は、「おら、牛のことで精いっぱいで、なんの相談にも乗ってやれなかったなぁ」と涙を流した。

六月二三日の競りには、子牛九六頭、成牛三三一頭、計四二七頭が出場。六月二八日には、子牛五一頭、成牛二二九頭、計二八〇頭が競りにかけられた。飯舘村からまず乳牛が消え、肉牛もだんだん姿を消してゆく。通常なら、あと数ヵ月間、母の乳を飲めたはずの子牛たちも、競りを機会に母牛と別れ、もう乳を飲めなくなる。

七月三日、平野はこの日診療を休み、震災が発生した夜に懐中電灯の光で分娩を診た山田猛史の牧場へ出向いた。松塚地区の山田牧場に残っていた親牛五頭、子牛六頭をトラックに乗せるのを手伝うためだ。山田は飯樋地区の原田貞則と一緒に、西白河(にししらかわ)郡中島(なかじま)村で廃業した酪農家の牛舎を借り受け、和牛繁殖を継続してやっていくことに決めたのだ。飯舘村から中島村まで約一〇〇キロ。平野は山田と再会を期し、牛を積んだ一行を見送った。

飯舘村に、もはや平野が診るべき牛は一頭もいなくなった。

家畜のいなくなった村に獣医の出る幕はない。平野は飯舘村に建てた父親の墓に詣で、花を手向けた。

七月二七日に、定例の飯舘村和牛改良組合総会が、飯坂(いいざか)温泉で開催された。一一四人が出席。廃業時の苦悩、避難生活のありさま、再就職の難しさ、賠償問題などが話題に上った。農地や山林の除染、帰還時期の話になると、誰もが一様に顔を曇らせた。道路や家屋、なんとか農地までは除染できても、村の七五%を占める山林は無理だろうと。

「飯舘村に戻れるものなら戻って、もう一度牛飼いやりたいよ。牛に餌をやっている夢を見るんだよね」

こんな嘆きを聞いていると、平野が飯舘村で過ごした二八年間、飯舘牛ブランドを育てることに燃えていた男たちとの日々が思い出された。

原発事故が起こるまでは、村のあちこちに牛がいた。まだ雪が残っている三月の中旬あたりから、村の各地区の共同放牧場では牧柵の修理が始まる。四月になると、平野は入牧前の検診に農家を回った。妊娠鑑定、ワクチン接種、寄生虫検査など、猫の手も借りたいほどだった。ゴールデンウイークまでに放牧。農家は葉タバコの植え付けが終われば、田植えの準備にかかる。葉タバコの収穫・乾燥、稲刈り……。農繁期が過ぎ、冬になる前に、牛は放牧場から畜舎に戻る。山林を有効利用する共同放牧は、飼料代と労力の節減になる。

自給の飼料で賄う畜産は、農業の複合経営の重要な柱だった。野菜や花卉を栽培する農家にも牛がいた。リンドウやトルコギキョウのそばで、牛が草を食んでいた。しばしば冷害に見舞われた村で、牛は大切な生活手段であり、年寄りも子どもも牛に愛情を注いできた。その大事な宝物を失われないように守ることが、平野の仕事だった。

平野自身は「土」に生きる人間ではない。だが、この村では、人も牛も土に依拠して生きていた。その彼らの姿が平野の心をとらえ、自分も飯舘村民として残りの人生を送るつもりであった。

この土地の土が育てた稲は、人と牛で分け合う。牛にとって稲ワラは、食料であり、寝床にもなる。土が育てた草を牛が食べ、牛が排出した糞は堆肥となって土に還る。その土が汚染されてしまった。
牛飼いの村に、人と牛はいなくなり、放射性物質が残った。

第三章
飛散した放射性物質
土と動物の被曝

二二〇〇ヵ所の土は何を語るか

必死に牛を生かそうとする人たちがいる一方で、土に注目する人たちもいた。起こってしまった原発大事故が及ぼす被害の実態を知り、それを最小限にとどめるためのカギを土が握っていた。土こそは原発事故の広がりを、身をもって示してくれる証人であった。

二〇一一年一〇月、私の目の前には福島からはるばる大阪まで運ばれてきた大量の土があった。それは多数の研究者によって集められた、福島第一原発から一〇〇キロ圏内の各地の土だった。しかし、そのときの私にはまだ、牛にとって土がどういうものか、どれだけ重要であるか、牛と土の関係など知りようがなかったのだが――。

大阪大学核物理研究センターの一室。原発事故によって飛散した放射性物質の実態と分布状況を把握するために採取された約二二〇〇ヵ所、約一万一〇〇〇個の土壌試料の大半がここに集められ、〝本籍地〟を記した段ボール箱の中に収まっていた。天井まで高く積み上げられた箱にサーベイメーター（放射線測定器）を近づけると音がして、箱の中身が放射性物質であることがわかる。そのスイッチを切らないかぎり、採取地点の緯度・経度、採取年月日・時刻を明記した容器に入れられた土くれは、ガリガリ、ガーガー、騒ぎ立てるのをやめない。

これらの土は、すでにひとつの役割を終えていた。土壌に沈着した放射性物質ごとの濃度分布状況を示すマップ作成のための役割だ。また、試料保管庫の土とは別に、深さ方向三〇センチまでの放射能分布を見るために、約三〇〇ヵ所で採取された土壌試料もあった。こちらの土は、学生たちがゲルマニウム半導体検出器を使って測定中であった。

その土たちはいずれも三、四ヵ月前までは、それぞれのふるさとで「生きて」いた。草木を養い、動物の棲みかとなっていた。微生物と一緒に有機物を分解し、植物を育てながら食物連鎖を支えていた。土本来の機能を果たし、これから先もずっと土として福島の地に存在していたはずであった。

それがどうしてここに収容されることになったのか、その経緯から記しておこう。

二〇一一年三月一五日から一六日に日付が変わった深夜、大阪大学核物理研究センターの准教授藤原守（ふじわらまもる）は、核物理研究者のメーリングリストで原発事故に対応する集会を呼びかけた。その日の午後、核物理研究センターに七〇人ほどが集まり、藤原が議長を務めて、核物理学者ができる事故対策を検討した。

そこで示されたのが、土壌と空間の放射線測定を中心に被災地の人たちを支援するという方針だ。藤原が専門とする原子核の構造や核分裂・核融合を研究する原子核物理学は、実験現場で放射線測定を伴う。発電につながる原子力工学は、この原子核物理学の応用といえる。

「フランスでは万が一事故が起きたときに、必要な分野の専門家が現地に飛んでいけるように準備している。いわば『放射線防護』のための〝決死隊〟が存在します。日本でも、一九九九年に東海村のＪＣＯ臨界事故が起きたとき、原子力の事故に対応できる組織をつくらなければいけないという話がもちあがった。それがいつのまにか、原子力は事故を起こすはずがないのにそんなものを用意しておくのは何事か、という論調に取って代わられ、予算もカット。原子力の安全神話が裏目に出てしまった」

歯に衣着せぬ言い方をする藤原は、フランスの例を出して残念がった。核物理研究センター教授の谷畑勇夫（たにはたいさお）も、物理学者が土壌の放射線量調査に協力した理由をこう語る。

「放射性物質が飛散してしまった以上、その被害を最小限にとどめるために必要なことは、どんな物質がどこにどれだけあるか、正確に把握することです。我々は原子力工学の専門家ではないが、放射線測定にかけてはプロです。我々がやっている原子核の研究は、放射線をとらえることから始まります。顕微鏡は光で物を見ますが、あまりに小さすぎる原子核は放射線で探り見るしかないので、我々は研究手段として常に放射線を扱っているのです。

原発事故が起きて、放射能の恐怖におびえている人たちを、とにかく少しでもお助けできないかという感じでした。一刻も早く現地の土から発する放射線の種類と量を計測することが大事なんです。土壌の被曝線量から計算すれば、何年後にはどれくらい放射能が減るかがわかる。逆算すると年間何日ぐらい一時帰宅が可能かを示すこともできる。たとえ避難生活をしていても、一週間だけでも家に帰れたら全然違うじゃないですか」

藤原と谷畑らは、まず人が浴びた放射線量を測定するスクリーニングに協力するため、三月二一日には福島へ赴いていた。そこで、福島県庁の職員に土壌測定の必要性を強く訴えた。土を採取するには、現地の人の許可を得なければならないからだ。

すでに大阪大学では三月一八日、復興支援対策会議を開き、総長の鷲田（わしだ）清一（きよかず）や理事たちが土壌中の放射線測定の実施を強く推し、福島支援のための臨時予算を計上することを決めていた。この予算がのちの土壌調査に大いに役に立つことになる。

調査が大規模になればなるほど、採取した土を入れる容器などの資材が大量に必要になる。それらは藤原が手配した。さっそく専用のプラスチックの容器を二万個、深度分布測定用の土壌を入れる三〇センチの鉄パイプ（円筒管）、ＧＰＳ（全地球測位システム）などの購入を指示したが、被災地復興の折から資材類は不足していて、発注してから到着までにそれでも一ヵ月ほどかかった。文部科学省の意思決定や予算を待ってから動いていては、とうてい間に合わなかっただろう。

藤原や谷畑らがデータ取得を急いだ理由のひとつは、大量に放出されたと思われるヨウ素131が、遅れると測定できなくなるからだった。

「人体に危険なヨウ素131は半減期が約八日で、八〇日経つと一〇〇〇分の一程度に減ってしまいます。チェルノブイリの原発事故の際には、ヨウ素の測定データは全くとれていません。不十分ではあっても、原発から出たヨウ素を測定したのは、今回が世界で初めてです」

仮にもうひと月早く本格的な調査が開始されていたら、谷畑が「不十分ではあっても」という言葉を付け足すことはなかったであろう。

約二二〇〇ヵ所、一万個以上の土壌採取・測定のために、藤原らは放射線量調査の提案書を作り、三月三一日に文科省に提出した。日本学術会議にも働きかけて、四月四日の放射線量調査の必要性についての緊急提言にこぎつけた。

藤原らは放射線量の分布マップ作成のための大規模調査の実施決定を待ちながら、独自に土壌を採取することにした。五月上旬にはパイロット調査として、福島第一原発を中心とした一〇キロ四方ごとに網目状の区画を設定し、土壌採取と測定を開始した。放射線の正確な測定には時間がかかる。一サンプルにつき一時間として、一万個となると延べ一万時間。数少ない大学でとてもできるものではない。全国の大学・研究所に声をかけて、土壌採取の参加者名簿を作り、大阪大学が土壌採取のまとめを、東京大学が測定のまとめをすることが決まった。

当初、五月初めからの土壌採取を希望したが、文科省の予算待ちとなり、結局ひと月以上かかって、独立行政法人日本原子力研究開発機構（ＪＡＥＡ）をヘッドとするプロジェクトが決定した。六月三日からテスト期間と名づけて採取を始め、正式には六月六日～一四日、六月二七日～七月八日に採取が行われた。

具体的には、福島第一原発から八〇キロ圏内は二キロ四方ごと、八〇～一〇〇キロとその圏外の福島県（おもに会津地方）は一〇キロ四方ごとに一ヵ所で、計二二〇〇ヵ所、一ヵ所につき三メートル四方の五地点ずつ、表層五センチの土壌を採取する。藤原たちのパイロット調査を通じて、ほぼ一〇〇％の確率で放射性物質は五センチの深さまでに含まれていることがわかっていた。深さ分布を見るために、さらに三〇〇ヵ所で三〇センチの深さまでのサンプルも取った。九七機関四〇九人の科学者、学生などが参加したこれらの土壌採取では、藤原が前もって発注していた容器と円筒管が活きた。

原発事故によって放出された放射性物質は、この段階では土壌のごく表層にしか存在しないため、数センチの深さで柱状に採取した土壌試料の放射線量は、表面部分が最も強く、深くなるほど急激に減少する。そのため、試料内の分布を均一化して測定する必要があり、土壌の採取方法も標準化された。

まずプラスチック容器と同じ容量の頑丈な採土用円筒管を表層土壌に打ち込んで採取し、それをポリエチレン袋へ入れて、土の塊を揉(も)みつぶしながら攪拌(かくはん)したあと、プラスチック容器に移し替えて保管する。試行錯誤の末、この方法が放射線量の測定結果のばらつきが小さいことが確認された。

四〇九人の科学者、学生らの頑張りで、第一原発から半径八〇キロ圏内の二キロ四方、一〇〇キロ圏内の一〇キロ四方の網の目は、ほとんど歯抜けなく次々に埋まっていった。

ただし、第一原発に近いところに抜けが見られる。これは当時、文科省の事業といえども、研究者が警戒区域に立ち入ることが許されなかったためである。事故後、原発に通って作業をしている技術者に依頼し、土壌を採取してもらったという現実があった。

採取した深さ五センチの土壌の測定は、東京大学と公益財団法人日本分析センターが中心となり、ゲルマニウム半導体検出器のある二一機関で行われた。八月三〇日に文科省がセシウム134、セシウム137の土壌濃度マップを発表、ヨウ素131については九月二一日に発表した。この結果、放射性物質による土壌汚染の実態が明らかになった。

藤原、谷畑らは、約二二〇〇ヵ所の土壌採取地点で測定した空間線量率（対象とする空間の単位時間あたりの放射線量）もあわせて、今後五年間、一〇年間、三〇年間の予測線量を算出し、「福島土壌調査」として大阪大学核物理研究センターのホームページで公開した。地表面から一メートルの高さで測定した空間線量率は、ほとんどが地表に付着しているこれらの放射性物質から放出されるガンマ線によるものである。各地点の測定値と半減期から、今後空間線量がどのように減少するかを計算できる。

この調査の結果、測定した土壌中にはセシウム134とセシウム137が、ほぼ同じベクレル数含まれていることがわかった。ベクレル数は一秒間に崩壊する原子核の数であり、放射性物質の放射能の量を示す。土中でセシウム134と137が同じ程度の頻度で崩壊を起こしているということは、半減期は前者が二年、後者が三〇年だから、含有する放射性物質の個数としてはセシウム137がセシウム134のおよそ一五倍含まれていることになる。セシウムの放射線量は、一〇年後までは半減期の短い134の影響で大きく下がり、五年後に六〇％、一〇年で七〇％、三〇年で八五％減少するという計算である。

しかし、三〇年後の二〇四一年三月になっても、半減期の長いセシウム137はなかなか減少しないため、引き続き放射線量の高い地域が存在する。たとえば、原発から西約二キロの大熊町（おおくま）夫沢長者原（おっとざわちょうじゃはら）は最も高く、三〇年後も毎時一〇・三二マイクロシーベルト、年間で九〇・四ミリシーベルト。この地点の放射線量が毎時一マイクロシーベルトまで下がるのは一二六年も先になると予測される。

三〇年後の予測値が毎時五～一〇マイクロシーベルトの地点も、大熊町、双葉町、浪江町、葛尾村の四町村で一二ヵ所。毎時一～五マイクロシーベルト、年間八・七六～四三・八〇ミリシーベルトの地点は、四町村に南相馬市、富岡町の一部を含めた原発周辺と北西部の六市町村で八〇ヵ所に及ぶ。

原発周辺と北西部約三〇キロにかけては、三〇年後の二〇四一年三月の時点でも、高い線量がやはり残ることになる。調査した約二二〇〇ヵ所のうち、約一〇〇〇ヵ所で、毎時一マイクロシーベルト、年間八・七六ミリシーベルトを超えると予測されている。

なお、ベクレルは土壌のほか、水道水や食品などの検査に用いられる単位であり、シーベルトは空間線量など、被曝の影響を見るときに用いられる単位である。

調査結果から算出された数値は、放射線の性質と線量に基づく推定値であり、風や雨による拡散、除染の経過などによる変化は考慮していない。藤原らは測定調査を進めながら、表層の土壌五センチを取り除けば除染できることを訴え、それは校庭などの汚染土壌の除去が進むきっかけになった。放射能レベルを下げるためには、土壌を掘り下げ、天地返しをする方法も現実的であるという。

安全神話が崩れたあとに

生物の生育を支える土壌ができるまでには、膨大な時間がかかる。一グラムの土の中には、微生物が一億から一〇億も存在するといわれる。牛を含む大小さまざまな動物、微生物と植物が共生している土壌の被曝が、環境にどのような影響を与えるか。それは今後長い年月をかけて検証されねばならない。そのためには、正確な放射性物質の濃度測定が欠かせない。

文部科学省による東日本全域にわたる航空機モニタリングの結果などから、福島第一原発の一〇〇キロ圏外の土壌でも、放射性セシウムの沈着量がかなり高いことがわかった。そこで、文科省は六月期の調査（第一次分布状況調査）に続いて、二〇一一年一二月六日から第二次分布状況等調査を開始した。車で移動しながらの空間線量率測定とともに、新たに可搬型ゲルマニウム半導体検出器を用いた測定を実施した。これは検出器を戸外に設置して測定し、地表面に分布した放射性物質からの放射線を検出、土壌中の放射性物質の平均的な濃度を分析する手法である。

この測定調査も、日本原子力研究開発機構（ＪＡＥＡ）が中心となって実施され、現地調査にはフランスからＩＲＳＮ（放射線防護・原子力安全研究所）のメンバー七人も参加した。

IRSNは、原子力の安全と放射線防護を目的とし、医学、農学、獣医学などの専門家を含む研究者、技術者など約一七〇〇人を擁する組織である。放射能リスクに対応し、放射線防護の訓練教育、非常時の支援も行う。そのなかには、藤原のいう〝決死隊〟も含まれている。

IRSNは二〇一一年四月八日、原発事故から二八日後、事故後一年間に住民が受ける可能性のある被曝線量の地図を世界で初めて公表している。この地図は、米エネルギー省国家核安全保障局が四月七日にインターネットサイト上に公表した航空機による放射線量測定に基づいて作成されたもので、日本の文科省による放射線量地図の公表に先駆けて、原発の北西の幅五〇キロ、長さ七〇キロにわたって顕著な放射能汚染地帯があることを世界に示したのだ。

IRSNが加わった福島県内のこの調査に、私も二日間同行した。カーナビの案内が利かない山間の道に運転手が迷うこともあった。移動中の車窓には、何も植えられていない田畑が広がっている。むなしく熟して落ちていく柿の赤さが、黒い土、白い霜や新雪に浮き立って目に痛いほどだ。

この調査でIRSNは、現場でどんな放射線が出ているか、線量だけでなくスペクトルも表示されるゲルマニウム半導体検出器を四台持参していた。日本でゲルマニウム半導体検出器というと、研究室内に設置されていて、そこへ土壌などの試料を持ち込んで測るのが普通である。だが、検出器一式を持ち出すことで、現場で放射性物質の核種（原子核の種類）の分析まで可能になる。この調査をとりまとめる日本原子力研究開発機構の斎藤公明（きみあき）によると、これは昔からある方法だが、日本では対応できる人が少ないという。

「日本でこれをやろうとしても、なかなかチームが組めなかったのです。今回は七組の日本チームが集まりました。通常は少ない試料を持ち帰って長時間かけて測るのですが、現場に出ていけば辺り一面に試料が広がっているわけです。第一次調査では三メートル四方内の五地点の土を採取し、放射性セシウムなどの土壌表面への沈着量を測定しましたが、その狭い範囲でも数値がばらつくことが確認されました。測定箇所に分布している放射性核種の平均的な沈着量をその場で評価できるこの測定は、私は優れた方法だと思います」

それなら、どうして今まで実施されなかったのか。

「日本ではそういうことをする必要性をあまり感じていなかった。というか、おそらく事故なんて起こらないだろうという思い込みがあったと思うのですが……。事故直後にはいろんな核種が出ます。どういう核種がどれくらい出たかというのは、スペクトルをとらないとわからない。それがあれば内部被曝線量の評価など、いろいろ有益な分析ができたはずなんです。残念ながらそういう準備ができていなくて……」

ヨウ素131をはじめ、事故当初の核種データは、内部被曝の原因と影響を探るうえで欠かせない。日本にはＩＲＳＮのような放射能リスクに対応する組織はなく、予算は開発優先で、国を挙げての安全神話のなかでは実際の安全防護は二の次にされてきた。

ＩＲＳＮのメンバーは測定地点に着くと、慣れた手つきで素早く測定態勢を整えた。ゲルマニウム半導体検出器につながるパソコンの画面には、二種類のセシウムの波形がくっきりと見えていた。

今回の調査では、一ヵ所の測定時間は原則一時間。その間に、心配そうな顔をした住民が様子を見にきて質問することがあった。ここで子どもを遊ばせてもよいのか。これから野菜を作っても大丈夫か。その都度スタッフのひとりがサーベイメーターで線量の高そうなところを測り、数値を確認しながら説明した。郡山（こおりやま）市の西方のある地点は、総じて地域全体の線量は低かったが、公園のすべり台の下や、田の畦（あぜ）、側溝などではやや高い値を示した。近々除染が行われるという。近くに住む女性は、除染までの間に子どもが立ち入らないほうがよい場所がどこなのかを確認して、少し安堵（あんど）した様子だった。

一方、線量の比較的高い測定地点もあった。住民が避難した空き家を窓越しに覗くと、神棚とピアノが残されており、裏口には「勝手に入室すると警察に通報する」と張り紙がしてあった。山間部に入ると、ＩＲＳＮのパソコン画像に描かれたセシウムのグラフの山が高くなることが多かった。

藤原は放射線量を見て、この程度の汚染なら食べても差し支えないと判断したのだろう、誰も食べない柿をもぎ取ってきて、ＩＲＳＮの人たちにも勧めて一緒に食べた。柿が日本古来の美味な果物であることを英語で説明しながら。

彼らが測定している間、私は周囲の野山を歩いてみた。カラスや野鳥も食べきれないほど鈴生り（すずなり）の柿の木の下には、イノシシらしき足跡があった。落ちた柿の実はイノシシの好物だ。

田畑に作物はなく、土の黒さばかりが目立つ。私が見慣れている西日本に多い褐色で赤みがかった酸化鉄の多い土と違って、黒々としている。水もちと同時に水はけのよい、肥沃度の高い土だ。

しかし、農業の持続性は原発事故によって奪われた。収穫されずに捨ておかれた野菜は腐り、干からび、それでも土に還ろうとしている。畑の片隅でネギの株が生き残って芽吹き、かろうじて青さを保っていた。

田の畦の石を持ち上げてみたら、いた、いた。ダンゴムシが五、六匹、眠りを覚まさせられて慌てている。石の下なら放射性物質が少ないかもしれない。私はそっと石を下ろした。

一二月の野山は日が暮れるのが早い。測定を始めたとき、夕陽（ゆうひ）を浴びて赤々と透き通った光を放っていた柿の実が、測定が終わったときには暗い闇にまぎれていた。

　農業の基盤であり野生動物の棲みかである土と生態系は、きっと大きく変わっていくだろう。土に近いところで生きている野生動物は、当然、被曝量が多くなる。実際、原発事故の約半年後、九月に二本松市で捕獲されたイノシシ肉から、一キログラムあたり一万四六〇〇ベクレルの放射性セシウムが検出されている。当時の国の暫定規制値の約三〇倍、二〇一二年四月以降の食品基準値の約一五〇倍にあたる。その後もイノシシ肉に関しては、福島県全域で軒並み暫定規制値を超える濃度を示した。

　これに基づいて政府は二〇一一年一一月九日、第一原発周辺の一二市町村で捕獲されたイノシシ肉の摂取制限と出荷制限を県に指示した。

　土壌調査を取材した私は、しだいに土と動物のかかわりの深さを考えるようになった。そして土と身近に接している野生動物の被曝にも注目するようになり、猟師や野生動物の専門家を訪ね歩いた。狩猟登録をやめた人たちの家には、磨かれた猟銃がそっとしまわれてあり、庭の隅に錆びかけた檻や罠が置かれてあった。活躍の場を失った猟犬は、天を仰いで吠えていた。

　その一方では、牛が野生化していた。避難区域で出くわした野良牛や行き倒れの牛の痛ましい光景、空き家になった牛舎のありさまを目にして、私は牛が置かれている状況や行く末を追わなければならないと決心した。

汚染された大地に生きるものたち

大地の被曝により、人が生活していた国土は広範囲にわたって失われた。人の立ち入れない地域が、これからどうなるのか見通しもつかないまま存在する。

原発事故から一年経ったころには、人っ子ひとりいない町や村は野生動物の楽園となりつつあった。人が住めなくなったところに、動物たちは棲みつき、放射能の危険を知らずに生きている。

二〇一二年三月一一日を挟んで六日間、私はレンタカーで飯舘村の計画的避難区域を回り、牛の安楽死処分に同意せずに飼養管理を続ける牧場の車に乗せてもらって警戒区域の中に入った。イノシシや猿などの野生動物に出くわし、殺処分を免れて生き延びている牛にも会った。

私は、飯舘村の長泥(ながどろ)から浪江町の津島へ通じる国道三九九号線周辺の線量の高さに驚いた。長泥一帯はこの四ヵ月後に帰還困難区域となり、立ち入りが制限され、道路にはバリケードが設置されたが、当時はまだ自由に出入りできた。計画的避難区域の飯舘村のなかでこの辺りが帰還困難区域となったのは、二〇一二年七月一七日の避難指示区域再編以降である。

対向車との擦れ違いも困難な狭隘な雪道を、獣の足跡が横切っている。林の中に目をやると、種類の違う動物の足跡が縦横に走っている。峠の辺りで車を停め、少し山の中を歩いてみることにした。西に山稜続きで疣石山、花塚山、北に比曽川を隔てて戦山を望む。東に浪江町赤宇木の山々。尾根に雪煙が舞う。

動物の跡を踏みながら雪道を歩いていると、明らかにイノシシと思われる真新しい跡があった。タヌキらしき足跡が乱れているなかに、左右の足跡が一直線に延びているのはキツネか。蝶の形がかすかに躍っている小さな足跡はリスだろう。

飯舘村と浪江町の境の山稜で、出合うのは鳥獣の足跡ばかり。山のふもと、比曽川沿いには、比曽、長泥、蕨平といった、飯舘村のなかでも高線量の地域がある。電源三法の交付金などとは無縁の地域だ。この村に、もう牛は一頭もいない。人間もいない。人と牛が共存していた美しかった山里の除染の困難を思えば、ただ茫然とするばかりだ。

リュックの中には、犬や猫に会ったらやるつもりで持ってきたチーズやソーセージが入っていた。だが、野生動物が姿を現すことはないだろう。彼らは林の奥に身を潜め、危険な人間から隠れるようにして生きている。雪上を足跡だけが駆けまわり、命のシュプールを描く。

すぐ近くの枝から鳥が飛び立った。線量計のスイッチを入れると、数値は毎時一〇マイクロシーベルトを超え、どんどん上がっていく。バサッと大きな音を立てて樹上の雪が落ちたかと思うと、また鳥が飛び立った。これ以上、森に足を踏み入れていてはいけない。歩を巡らして、急いで車に戻る。鳥たちを驚かせないためではない。ここに長く居ては危ないからである。

雪の下はさらに高線量だ。雪融け水の中にも、土に変わりつつある落ち葉の中にも、春の気配にまぎれて放射性セシウムが融け込んでいる。目に見えないところから、変わってしまった大地――。

広大な森は絶望的なまでに汚染されている。人は踏みとどまり、引き返すことができる。しかし、野生動物たちはそのはるか奥で餌を探し、子を産み育てていくしかない。

東日本大震災発生から一年が過ぎても、警戒区域の中は瓦礫が手つかずのままだった。津波が残していった水たまりの汽水を、野生化しつつも家畜の性格をとどめている牛が飲んでいた。彼らは人間が近づいていっても、野鳥や猿のようにさっと逃げ出したりはしない。興味しんしんといった感じで、こちらの様子を窺っている。人に飼われていたころの記憶が消えずに残っているのだ。

人間が姿を消した動物たちの国では、生は死と隣り合わせにある。放れ牛の群れが猛然と駆け過ぎ、悠然と草を食んでいるそばで、まだ死んで間もないと思われる牛が全身泥だらけで横たわっていた。

放射線量計は、スイッチを入れるたびに慌ただしく鳴りつづける。福島第一原発の門の前を過ぎ、排気筒が目と鼻の先に見える辺りでは、車の窓を開けるとすぐに毎時二四マイクロシーベルトを表示した。

第一原発から北へ、請戸漁港にかけて、津波に襲われた海岸沿いを走った。ところどころ建物らしき形骸が残ってはいるものの、見渡すかぎり一面の瓦礫が原だ。陸に打ち上げられた巨大な死魚のように仰向き、横臥し、俯しているおびただしい数の車また車。海から遠く離れて道路や住宅地に乗り上げた船のうちには、まだ使えると判断されて起こされたのだろう、地に固定されて立っている船体もあった。

車を降りて少し歩くだけで、方向感覚を失ってしまう。山側に船が姿をとどめ、海側に住宅とそこで営まれていた生活の残骸があるからだ。舳先が門を打ち破り、船尾が自転車の骨を噛み砕いている。倒れた電柱に電線と漁網が絡みついている。

一年経っても、途方もない量の瓦礫が全く撤去されずに残されたままだ。ただ、海岸沿いは原発に近くても放射線量は毎時一マイクロシーベルト以下で、意外に低いところが多い。

遠景の山に目をやると、ふと放れ牛が二頭、三頭、私の視界をさえぎった。牛たちは背丈よりも高い枯れ草を食みながら、のんびりとした足取りで林の中へ消えていった。

全く人けのない浪江町の中心街を横切り、街はずれに来ると、また別の三頭の牛が鼻息荒くどっと駆けだすのに出くわした。向こうもこちらに注目している。車を降りて近づいていくと、こちらとの間に一定の距離を保つように、田んぼから人家のほうへ移動する。この距離のとり方は、人間に大いに関心あり、だ。震災後に誕生した、生まれつきの野良牛ではない。

冬枯れの雑草生い茂る田畑を過ぎ、車が里山に入っていくと、道端に猿が四、五頭、寄り添って座っていた。日向ぼっこをしていたのか。窓を開けてカメラを取り出すと、さっと一目散に茂みの奥へ駆け去った。敏捷な身のこなしは野生動物以外の何ものでもない。

猿を追う目の前には、クモの立派な巣が、雲間から射した光にきらきら輝いている。クモは餌となる虫を待ち、そのクモを蜂や鳥が狙う。地中では、ミミズが土を食いつつ掘り進み、蟬の幼虫が樹液を吸い、カブトムシの幼虫が腐葉土を食べているだろう。そんな土にも樹木にも放射性物質は行きわたっている。

きらめくクモの巣の彼方に猿の群れを見失った私は、その場を離れた。が、何か気配を感じて、車の窓から後ろを振り返ったとき、遠景にちらつくものがあった。猿の群れだ。彼らはめったに車の通らない道路に出てきて車座になり、日向ぼっこの続きをしていた。

動物たちには、警戒区域も計画的避難区域もない。避難指示区域再編後の帰還困難区域も居住制限区域も避難指示解除準備区域もない。誰にも線引きできない大地、自分たちを産んだ親、またその親たちが代々そこで生まれ死んでいった大地があるばかりだ。

夕暮れ、石地蔵の前にしゃがんでいる猿を、私は人と見間違えた。群れを成さず一匹で、掌を合わせているように見えたからだ。私に気づいた猿は、珍しいものでも見るようにこちらを眺めていたが、私が一歩前に出たとたん、一目散に裏の山へ駆け上がっていった。

いま、避難した親たちにのしかかる重苦しい心配事は、子どもへの放射能の影響である。もしなんらかの健康被害が起きるとしても、それが判明するのは何年も先になる。住民が避難を強いられなければ、地蔵菩薩はこの地で掌を合わす親と一緒に重い不安を背負ったであろう。

お地蔵さんは、子どもたちがいなくなったのをどう思っているだろうか。安産、健やかな成長、死後の平安まで、子どもにかかわるさまざまな願いの荷を負う菩薩が地蔵であった。その来歴をたどれば、インドのバラモン教で大地の徳を体現した地神、母なる大地の神だった。日本に伝わり、人々の苦を代わって受ける「身代わり地蔵」の信仰が盛んになり、やがて子どもの守り神となった。

無人の大地で私が見た地蔵は、たいてい道端の小さな石の像だった。子どもたちがこの地に戻るまで、地蔵菩薩は大地の神に戻ったかのように、いつまでも立ち尽くしている。

第四章

放れ牛と牛飼いの挑戦

牧柵の内と外……
牛の生と死

放れ牛の末路

原発事故が起きるまで、牛はあくまでも家畜であり、野生動物のように野を自由に駆けまわり、自分で餌を見つけて生きていく動物ではなかった。しかし事故後、原発から半径二〇キロ圏内の警戒区域では、飼い主の手を離れて野生動物と同じように生きていかなければならない放れ牛が出現した。原発事故の対応に当たる人間以外は人影もなく、牛を扱える人などひとりとしていなかった。人間がいなくなった警戒区域は、野生動物にとっては楽園に近かったが、牛にとってはどうであったか。

五月一二日に安楽死処分が命じられるまでの震災後二ヵ月間に、乳用牛の多くは畜舎内で死亡するか瀕死の状態に陥っていた。肉用牛の一部は畜舎内で死亡したが、ほとんどは畜舎外に放たれたため、原発事故現場に出入りする車と牛の接触事故が頻繁に起きていた。全身黒一色の黒毛和牛が夜陰にまぎれて駆けまわり、人の姿など見ることのない道を車がスピードを上げて走ってくるのだから危険きわまりない。牛と衝突して車が炎上する事故もあった。牛による交通事故への対策も、牛の捕獲が急がれる理由になっていた。

家畜の安楽死処分は福島県の家畜保健衛生所の獣医師を中心に、県や市町村の職員、農林水産省などから派遣された国の職員も加わって行われた。当初は繁殖力の非常に高い豚が、牛よりも優先された。牛は一年に一頭の出産だが、豚は年二、三回の分娩が可能で、一回に一〇頭ほどの子が生まれる。区域内に豚の飼養戸数が少なく、放れ豚の所有者を特定しやすいこともあり、早い段階で同意を得られて安楽死処分が進んだ。

畜舎内に生存していた豚約二四〇〇頭に対して、数週間にわたり安楽死措置が行われたこともあった。捕獲の手間はかからなかったが、室内で重機が使えないため、死体の搬出は人海戦術で行うほかなかった。

そして七月ごろから安楽死処分の主な対象が豚から牛に移り、畜舎内に残された牛に続いて放れ牛へと移っていった。

放れ牛の捕獲には、まず牛を追い込むための柵を設置しなければならない。牛の群れを確認し、足跡や糞から行動パターンを見極める必要もある。同時に、埋却場所を決めておかないといけない。原則として所有者の土地に埋却されたが、所有者がそれを望まなかったり適当な埋却地がない場合には、市町村の公有地が埋却地となった。

安楽死は、具体的には米国獣医学会で推奨されている鎮静・麻酔・筋弛緩の三段階で行われた。鎮静剤の筋肉内投与でおとなしくさせて、静脈内に投与する麻酔剤で眠らせ、筋弛緩剤で死に至らしめる。

まず、鎮静剤を牛の首や肩、尻などに、さっと打ち込む。牛がぼうっとなり、騒いだり暴れたりしなくなってきたところで、人が取り押さえて保定し、静脈注射にとりかかる。なかには通常量の倍ぐらい入れても、鎮静がかからない牛もいる。日が経つにつれて牛は野生化し、鎮静剤が効きにくくなるどころか、作業者を威嚇し突進してくる危険な場面が増えてきた。

処分作業が始まって数ヵ月ぐらいは、人が懐かしいという感じで牛のほうから寄ってきた。人が近づいていっても逃げることなく、ひたすら草を食べていた。猛烈な日射を避けるため、自分が飼われていた牛舎に戻って日が陰るまで屋根の下で過ごす牛もいた。飼い主でなくても、ほらほらと軽く声をかけながら、多数の牛をたやすく柵の中へと誘導することができた。

それが震災後二年が過ぎるころには、たとえ牛が柵の中に入ったとしても人が全く近寄れなくなり、鎮静に吹き矢と麻酔銃が使われるようになった。

埋却場所、安楽死処分に携わる職員、死んだ牛を運んで埋める重機を扱える業者の三条件がそろったときには、一度に三〇頭、四〇頭を埋却することもあった。そのひとつでも欠けると作業が止まってしまう。

たとえば、六〇〇キログラムもある牛を移動させるにはクレーン車が必要になるが、BSE検査などで牛を専門に運搬してきた業者でさえ警戒区域の中には入れなかったため、原発関係で作業している建設業者に依頼するほかなかった。彼らには本来の仕事があり、埋却を希望する日時に来てくれるとはかぎらない。牛を捕らえたものの、処分作業がずっと先延ばしになり、職員が毎日の餌やり水やりに追われたこともある。

福島県庁の獣医師によると、安楽死処分を進めるうえでは、連絡調整も大変だったという。市町村の役場は場所を移しており、十分に機能していなかった。

「自分の土地には埋めたくないという方の心情もわかります。帰ってきたとき、あそこに牛が埋まっているというのは辛いでしょう。埋却地を調整している過程で、水源地に近いとか、また津波に流される危険性があるとかで、白紙に戻ったこともあります。所有者の了承を得て役場が決めた場所に柵を作っても、近隣の農家の方から安楽死処分をここでやらないでほしいという声も出てきました。柵を作り直すとなると労力もお金もかかりますが、移動させるしかないですね」

震災当初から一年間、いわき家畜保健衛生所に勤務していたこの獣医師は、最前線で安楽死処分の作業に当たらねばならなかった。

「最初は被曝が怖かったです。放射性物質は色や形がなく、目に見えないのに、線量計を見ると数字がどんどん上がっていくところへ入っていくわけですから。被曝量を抑えながら効率的に作業しようと努めましたが、あんなことは二度とあってほしくないです」

動物が好きで獣医師の職に就き、家畜の命を救い畜産農家を支援する仕事にやりがいを感じていたのに、なんの巡り合わせか、殺処分を遂行する役を負わされてしまった。朝から防護服を着けていったん警戒区域に入ると夕方に戻ってくるまで、水を飲むことはできても、食事は一切とることができない。炎天下、長靴の中は汗が池のように溜まり、汗で膨らんだ手袋を外すと、水道の蛇口をひねったように汗水がジャーッとほとばしった。

死亡した牛は深く掘られた穴の底にクレーンで一頭ずつ移され、その上から深さ一メートル以上にもなる大量の土をかぶせる。覆土が浅いといくら消毒薬を撒(ま)いていても、野生動物が来て掘り起こしてしまう。安楽死処分が行われるたび、菊の花などを供えて合掌し、黙禱(もくとう)を捧(ささ)げる防護服の姿が見られた。埋却作業に加わっている建設会社の社員のなかに僧籍をもつ人がおり、防護服の上から黒い衣と黄土色の袈裟(けさ)をまとい、土の上に卒塔婆(そとば)を立て、お経を唱えて供養した。

「作業に携わっている人それぞれに、『えっ、なんでおれたち、こんなことやってんの？』というわだかまりがあったと思います。業者の方たちもやっぱり心の整理をしたいんだなぁと思いました」

と話すこの獣医師は、今でもときどきフラッシュバック現象が起き、当時の情景がふとしたときに目の前に浮かんでくるという。

この獣医師とは別に、明けても暮れても安楽死措置に追われた人たちは、大なり小なり心に痛手を負っていた。

「安楽死処分は決してやりたい仕事じゃないんですが、そこは復興のため、人が戻ってこられるような環境づくりの第一歩なんだということを自分に言い聞かせて、モチベーションを保ったという感じですね」

こんな話をしてくれた獣医師は、死にゆく牛を弔うため、線香を用意して安楽死処分の作業に臨んでいた。自分でも短いお経の文句を覚え、心の中で唱えながら。

二〇一〇年に宮崎県で発生した口蹄疫では、殺処分にかかわった獣医師や作業員、立ち会った農家の人々のなかに、ＰＴＳＤ（心的外傷後ストレス障害）を発症した人がいる。口蹄疫は家畜伝染病であるため、安楽死よりも迅速な大量殺処分が優先され、獣医師の手を借りずに殺す方法もとられた。だが、今回の敵は伝染するウイルスではなく、生物を被曝させる放射能であり、家畜の所有者の同意を得たうえでの安楽死であった。またそれゆえに、農家も獣医師たちも、長期にわたる苦しい心の闘いを強いられた。

放れ牛の安楽死処分に拍車がかかるよりも前から、多数の牛が死に遭遇していた。獣医師たちは沼地の中に牛が一四、五頭入り込み、抜け出せなくなって死んだのを見たことがある。牛は自力で這い上がれなくなって、だんだん沈んでいく。もがけばもがくほど沈んでいく。弱っていくのがわかっていても、人の力ではどうしようもなかった。人が自由に出入りできて、クレーンなどの手配ができれば助けることもできたであろうが、警戒区域の中では望むべくもなかった。

牛はあがいていたが、半身が沼に没するころにはほとんど動かなくなった。泥にまみれた牛の群れを月が照らし、日が灼いた。一週間経つとそこに蛆虫がものすごい勢いで繁殖し、さらに二週間もすれば白骨となっていた。

この群れは、飼い主が週に二回ほど水と餌をやりに通っていた牧場の牛たちであったが、動物愛護団体のメンバーが柵を開けて放ってしまったのだ。彼らは牛舎内で餓死した牛の無残な姿を見たのかもしれない。あるいは、飼養管理されている牛であることを知らず、安楽死から救うつもりだったのか。喉が渇いた牛たちは、一頭が水を飲もうと沼に足を踏み入れたのに続いて、どっと雪崩れ込んだのだろう。家畜である牛が、人が逃げ去った被曝の大地に放たれ、野生動物として生きていく先には、人間の想像も及ばない困難が待ち受けていたのだ。

警戒区域の中では、牧柵の外側にいる放れ牛が捕獲されると、そこで運命が分かれる。捕獲された牛が安楽死処分に同意した農家のものなら処分が実行されるが、同意しない農家の牛の場合は飼い主に引き渡され、牛は元の牧場へ戻ることができる。しかし、餓死や病死を免れ、放れ牛として生き延びても、いったん安楽死処分用の捕獲柵の中に入ってしまえば、飼い主の判断によって飼養継続か安楽死かという分かれ道が待っており、時が経つにつれて安楽死への道をたどる牛が多くなっていった。

原発事故後半年間ほどは、飼われていた農家ごとにまとまって移動する牛がほとんどだったが、なかに他のグループの牛が交じったり、最初からばらばらに行動している牛もいた。捕獲柵に入った牛はたいてい、見知らぬ人間が来るとさっと逃げようとするか、暴れまわり威嚇してくる。しかし、飼い主に手厚く世話されていた牛は、安楽死処分の作業員が近づいても、逃げずに寄ってきたという。人間を信頼して生きてきて、人に馴れたまま信頼して死んでいったのだろう。

飼い主が安楽死処分の現場に立ち会うことはほとんどなかった。立ち入り許可証が必要な警戒区域に、避難先から指定された日に来ることは困難だったし、牛飼いにとってはできれば見たくない光景だったはずだ。それでも、自分らは家族同様に牛と接してきたから最期も路頭に迷わせることなく、きちっと見届けるのが家族としての務めだ、と言って立ち会う人もいた。

宮崎の口蹄疫の際には、近いうちに頑張って畜産を再開しようという思いで殺処分に臨んだものの、鳴き叫ぶ豚や牛の声と姿がトラウマとなる凄絶な現場を体験し、家畜を飼うことをあきらめた農家の例もある。福島では、安楽死処分に同意するかどうか、熟慮する時間があったぶん、心の葛藤も長く続いた。いったん同意しながら撤回した農家もあった。農家の人たちの話を聞いていても安楽死のことになると、みな口をつぐむか、どうしても口が重くなる。心理的に追い込まれていって負った傷は、一年や二年では消えない。

牛を生かすために牧柵で囲う

安楽死処分の牛をよそ目に、生まれ育った牧場へ帰り着いた牛もいる。

警戒区域の中でもとりわけ線量の高い浪江町小丸の牧場に、再び話を戻そう。渡部典一の双子の牛たちはどうなったか。

会津で二ヵ月余り避難生活を送った渡部は、二〇一一年八月初めに二本松市の仮設住宅に移った。ここから双子の兄弟のいる牧場を見回りに行くためには、警戒区域への立ち入り許可が必要であった。それを得るため浪江町役場に足を運んでいるうちに、牛飼い仲間である原田良一(りょういち)も、立ち入り許可を求めて熱心に交渉しつづけていることを知った。渡部と同じく「浪江町和牛改良友の会」に属する原田は一九六一年生まれで、このとき五〇歳。ＪＡ（ふたば農業協同組合）に勤めながら、震災当時は両親とともに一三頭の牛を飼っていた。渡部は自分と同じようになんとかして牛を生かそうと考えている人間が身近にいたことを、心強く感じた。

「繁殖農家は、新しく牛を買ってきてすぐに出荷できるようなものじゃない。自分のうちにいる牛は、自分らの気に入ったように何十年も交配を重ねて血統をつくってきたんだ。子牛のときから自分のうちにいるやつを見たら、殺せと言われてもそう簡単に殺せるもんじゃねぇ。泣く泣く同意した人は、遠くに避難していて、通いで管理なんかできないと、たぶんあきらめたと思うんだ」

原田がこう語るのを聞いて、渡部も「殺すというような、なんもそんなむごいことはしなくても、どうにか生かす方法ねぇのかなぁ。牧柵、どうなってっかなぁ」と、晩夏には地平線の彼方（かなた）から入道雲が湧き、夕立のあとが心地よい小丸の牧場を思いやった。

原田の牧場は福島第一原発から北北西に九キロ、浪江の市街地に近い高瀬（たかせ）地区にあった。原田は震災後、津島を経て福島市内に避難し、新潟の親戚の家へ。二人の息子がいる東京で一ヵ月近く過ごしたあと、勤め先のＪＡふたばの仮設事務所がある福島市内の借り上げ住宅に移ってきた。

避難時に、牛が牛舎の中でのみ自由に歩けるようにして、大きな乾草ロールを大量に放り込んだ。電気は来ていたので、汲み上げた水さえ飲んでいれば生きられるという判断だった。ところが、その二週間後に東京から戻ってみると、電気は止まり水桶は錆びついてしまっていた。それでも牛は生きていたが、次はいつ帰ってこられるのか予想もつかない。しかたなしに残りの餌を牛舎に詰め込み、入り口を少し開けて出てきたのだった。

原田と渡部は、「浪江町和牛改良友の会」の会長、山本幸男を代表者として、警戒区域の牧場への立ち入りを町に要望しつづけた。町会議員を務めたこともある六九歳の山本は、同時に国と県にも働きかけた。行政との交渉を重ね、最終的には自己責任ということで、ようやく九月から週一回だけの立ち入りが認められた。

こうして渡部は警戒区域が設定されてから四ヵ月余りの時を隔てて、小丸の牧場へ戻ってきた。その途中、稲穂が黄色く実りかけている田んぼが目に入った。一瞬、幻を見ているのかと思ったら、それはセイタカアワダチソウの群落だった。

田植えをしなかった水田も、牛の冬場の餌にしていたコーンサイレージ（トウモロコシをサイロで発酵させたもの）用の畑も、草が生い茂って荒れ放題になっていた。ひと夏でこんなに草ぼうぼうになってしまうんだ。

牧場は？　車で放牧地へ入っていくと、牛に草の根元までかじられ、踏みしだかれて荒れてはいたが、緑はかろうじて残っていた。

牛は？　最初は遠巻きに、警戒しながらこちらを眺めているだけ。寄ってこない。「なんだあいつは」という冷ややかな視線すら感じた。車を降りて、近くにいる牛の名を呼びながら前へ進むと、牛は尻を向けて離れていった。人よりも車を怖がっているようだったので、車からできるだけ離れるようにした。〝人間不信〟に陥っているようだ。

少し距離をおいて、一頭一頭、健康状態を確認していると、牛の群れの背後、地平線の彼方からこちらに近づいてくる二つの黒いものが目に入った。たしかに牛が二頭、歩みを運んでいる。

あれは？

間違いない、「安糸丸」と「安糸丸二号」だ！

二頭は少しずつ歩を速めて、戸惑いがちに立ち止まっている牛を追い抜かし、さっさっと前に出てきた。一瞬止まったかと思うと、のっしのっしと渡部のそばに寄ってきた。双子の兄弟は、別れた四ヵ月余り前よりいちだんと立派な成牛になっていた。黒々とした毛並みは、雨に洗われ草に磨かれて輝いていた。

虚弱だった二頭を朝も晩も介抱するように世話をしたことを、覚えていたのかどうか。子牛のころは下痢続きで痩せこけ、ひょろひょろだった二頭に、毎日ポカリスエットを飲ませてやったのは、たった一年前のこと。あれから、あまりにも多くのことがありすぎた。

モーン、モーン。二頭は、ひと声ずつ鳴いた。渡部は両腕を首に回して抱いた。代わるがわる、頬ずりをした。やがて、三頭、四頭と、兄弟の後ろから牛たちが寄ってきた。

「今日は、お土産はこれしかないんだ」

渡部は車に戻り、配合飼料の袋を担ぎ出した。封を切ると、牛たちの目の色が変わった。

あと数ヵ月は週に一回、本格的な冬になったら週に二回は来なくてはならないだろう。飼料のやりくりをどうするか。自給の稲ワラとコーンサイレージのないのが痛い。飼料を買っていては畜産経営が成り立たないから、ずっと自分の田畑で穫(と)れたものを牛の餌に回してきた。もっとも、商品としての価値は消滅しているのだから、経営もへったくれもないのだが。

渡部は、警戒区域に入るにあたって携行を義務づけられている線量計を出してみた。スイッチを入れると、たちまち毎時二〇マイクロシーベルトを超える。牧場内を歩いていくと、三〇マイクロシーベルトを示す地点もある。生きものが住むには、おそらく想像を絶するような線量なのだ。

対して、渡部の牧場から東に八キロ離れた原田の牧場の辺りは、毎時〇・六マイクロシーベルト以下。場所こそ渡部の牧場より原発に近いが、線量ははるかに低い。これなら近い将来、帰還がかなうだろうと渡部は思った。まだ警戒区域の中だから除染は全く行われていないが、将来的には米作りの再開も夢ではないはずだ。

二つの牧場には線量の差だけでなく、広い山に放牧できる山間部の牧場と、市街地に近く牛舎飼いが中心になる水田地帯の牧場という違いもある。だが、大事に育ててきた牛を生かしていきたいという願いは共通だった。二人は餌やりに通いながら、やがて牛を囲い込み飼育するための牧柵の整備にも力を入れるようになった。

このころ原田の牛は、毎週餌やりに帰ると、自宅前の牛舎周辺に群れを成すようになっていた。かなり遠くまで行っている牛も、餌を入れるボウルが餌箱に当たるときの音を聞きつけて戻ってきた。牛の耳は人よりもはるかに感度がよい。とくに高音は人の四、五倍の感受域があるといわれている。

しかし、このまま放し飼いにしていてはまずい。他の住民に迷惑をかけることになる。住宅地を闊歩(かっぽ)したり、人家を荒らしたりしないように、牛を囲って管理しなければならない。かといって、毎日通って飼養管理できる状況ではない。二週間ごとに立ち入り許可を申請しなければならなかったのを、一ヵ月ごとに変えてもらうだけでも、その交渉にすったもんだした経緯がある。

原田は渡部から、夏山放牧では牛が勝手に草を食べてくれると聞いていた。それなら、草の生えるにまかせている水田を囲って、そこに牛を放ったらどうか。渡部も以前から、水のない稲田へ牛が入って黙々と草を食んでいるのをよく目にしていた。

二〇一二年二月、二人はまず市街地に近い原田の田を単管パイプの柵で囲った。被曝した水田で実験的に牛を飼う試みを始めたのだ。

ただ、放れ牛が何度も柵を壊して侵入してくるのには困った。入ってくるだけならいいが、雌牛が種付けされてはたまらない。そこで五月からは、ソーラーを利用した電気牧柵に替えることにした。柵内には数種類の牧草の種を蒔き、四区画に分けて、牛がきれいに食べたら順次隣に移る仕組みだ。

電気牧柵の中の牛は、柵に触れると危ないとわかっているので出ていくことはない。が、ときたま外から強引に柵を破って入ってくる牛がいた。柵の外では殺処分が進行している。侵入者を外へ追い出したら殺されるのかと思うとやりきれなかった。また、牛が家屋敷を荒らしていると聞けば、自分の牛でなくても牛飼いとして肩身が狭い。渡部はそうした牛が出るたび、耳標を見ては飼い主に連絡し、了解を得た牛は広い小丸の牧場へ入れてやるようになった。

牛がいれば農地は荒れない

牧柵作りを通じて、渡部典一と原田良一は牛の働きを見直すようになった。その成果は、早くも数ヵ月で表れた。パイプで囲って牛を放った田は、草がきれいに食いちぎられているが、その隣の田は雑草の丈が日増しに伸びるばかりだった。

人が入れない警戒区域の農地は、放っておけば数年で藪（やぶ）に変わる。いずれ野生動物が駆けまわる荒れ地が出現することは目に見えている。牛は農地が荒れるのを防ぐために一役買ってくれるのではないか。

手応えを感じた渡部は、二〇一二年七月から八月にかけて電気牧柵の設置に奔走した。水田や山林を広範囲に囲み、住宅地への侵入防止用にも柵を巡らした。「浪江町和牛改良友の会」のメンバーの柵を拡大していきながら、賛同する牛飼いがいれば浪江以外の町にも出かけていった。

志を同じくする牛飼いが連帯しなければ、個々の農家の力だけでは警戒区域で牛を飼いつづけることなどできない。ボランティア団体の支援もあり、電気牧柵の費用を提供してもらえたことはありがたかった。設置場所の設定、杭（くい）打ち、下草刈りなど、支援者の協力もあって事は順調に進んだ。

渡部らが牛を管理するために積極的に動きだした二〇一二年四月末日の時点、つまり総理大臣による安楽死処分の指示から約一年後、警戒区域内で牛を飼っていた農家二七七戸のうち、これに同意したのは約六割の一七五戸にすぎず、半数近い農家はまだ同意していなかった。牛の数から見ても、約三五〇〇頭のうち、安楽死処分が八三一頭、安楽死と畜舎内死亡を合わせた埋却措置が一八八五頭と、まだ半数近い牛が生き延びていた。

安楽死処分に同意していない農家の一軒、「浪江町和牛改良友の会」の会長、山本幸男は原発事故後、津島地区から弟が住む東京、そして裏磐梯へと避難していた。裏磐梯は四月になっても雪深く、避難所へ戻る途中、車を乗り捨てて歩いたこともあるほどだ。その山本が、裏磐梯から七時間かけて牧場のある浪江町末森の自宅に帰ったとき、こんなことがあった。

初産間近の牛が裏山で鳴いていた。日暮れに呼んで捜しても出てこないので、その日は牛の餌を用意して引き返した。気になって二日後に行ってみると、牛の尻から足が覗いていた。獣医師を頼もうにも、警戒区域の中に入ってくることはできない。牛をしっかりつないで、とっくに死んでいる子牛をどうにか引っぱり出した。この母牛は幸い今も健在だという。

山本は渡部よりも一六歳年長の一九四二年生まれ。伝統ある「相馬野馬追」では、標葉郷を統括する郷大将を務めてきた。震災当時、山本の牧場には、牛が三三頭いたが、山から水を引いており、井戸もあったので、近隣の牛舎で餓死寸前の牛を見ては、水を運んで飲ませたりした。牛を生かすために、東京へ陳情にも出向いた。

二本松市の仮設住宅に住む山本のところには、震災以来さまざまな相談や苦情が持ち込まれていた。

「一時帰宅してみれば、牛が庭木を食べているし、門口に糞を撒き散らしている。苦情が来るのは当然です。そういう状況だから、人様には迷惑かけられねぇと、泣き泣き同意して牛を殺した人もいる。県の職員も私には言ってこないけど、皆さんにはそれなりに強い圧力があったですよ。

牛が他人の土地に侵入して、ものを壊したり迷惑かけたりしたら、それは飼い主であるあなたの責任ですよ。こう言われたって。私は、県の職員の誰がそんなことを言ったのかを聞いて、すぐに電話を入れましたよ。誰のせいで牛は人様のうちさ行って迷惑なことすんだ？　食べるものが何もないのはどうしてだ？　飼い主が悪いだが、国が悪いだが、東電が悪いだが、どうなのって」

なかには、補償金をもらったのに安楽死処分に同意しないのはけしからんという声もあった。しかし、補償金はあくまでも農家が被った経済的損害に対して支払われるお金である。それは東京電力への損害賠償請求の対象であり、原子力災害対策特別措置法の規定に基づくとして総理大臣が出した安楽死処分指示とは関係がない。私が聞いたところでは、二〇一一年六月に浪江町の畜産農家を集めて開かれた説明会で、福島県や農水省の担当者から安楽死処分に続いて補償の話があったために、安楽死処分を補償の条件ととった農家も少なからずあったようだ。原田もその説明会に出席していた。

「早く安楽死処分してくださいという話のあとに、補償金が出ますよという話に移ったので、安楽死処分に同意すれば補償金がもらえると勘違いをされた農家が多いのです。家にも戻れないし、牛の管理もできないのであれば、もう同意するしかないと」

このような説明会が開かれた翌年、二〇一二年四月五日に、安楽死処分を命じた従来の総理大臣指示が一部変更された。家畜の取り扱いについて、原則安楽死処分としつつ、出荷制限等の一定の条件の下、「通い」が可能となった農場等での飼養管理も認めることを指示したのである。これは新たに避難指示解除準備区域や居住制限区域が設定されたことによる措置であるが、浪江町のようにまだ避難指示区域再編に至っていない警戒区域には適用されなかった。

この新たな総理大臣指示を受け、原子力災害対策本部と農水省は、国と福島県が進めるべき基本方針を示した。それには次のような項目が含まれている。

捕獲された家畜の所有者が、通いが可能となった農場において飼養継続を望む場合は、

①当該家畜の子孫も含めた出荷・移動・繁殖の制限
②個体識別の徹底（外見上明白に区別可能なマーキング、耳標の装着の確認等）
③隔離飼養（囲いのある専用の場所での飼養、部外者立入禁止の看板設置等）
④家畜の線量管理

を、所有者に対して徹底して行うよう要請した上で、当該家畜の引渡しを行う。

「外見上明白に区別可能なマーキング」とは、牛の体毛を特殊な方法で低温処理するこ

とにより、脱色して牡牛座のシンボルマークを付けることである。これは、汚染された牛が食肉用に流れるのを防ぐためでもある。

こうした社会の動きや人間の思惑をよそに、二〇一二年の夏、警戒区域のソーラー牧柵の中を牛たちは自由に動きまわり、せっせと草を食べつづけた。夏の終わりから秋口には、その成果は一目瞭然となった。

牛たちのたくましい口と胃袋によって、雑草はぺろりと平らげられた。放射性物質さえなければ、水を張ったらすぐにでも水田に戻りそうだ。目を柵外の水田に転じると、春から初夏にかけて雑草が伸び放題だったところは、秋が深まるとともに一面黄色い塗料を吹きつけたようなセイタカアワダチソウの荒海になってしまっている。

やっぱり牛の力はすごい。牛がいれば、人間がいなくても、田んぼや畑が荒れ地になるのを防ぐことができる。農地を農地のままに保つことができる。

渡部は、自分の背よりも高く繁茂しているセイタカアワダチソウの陰に腰を下ろし、目の前に広がる原田の水田を見ていた。ここならきっと米も作れるだろう。

人が手間をかけなくても、牛たちは草刈り機より丁寧に除草の役目を果たしてくれた。ひょっとしたら、放射性物質を含む草を食べた牛の糞を回収すれば、その土地の除染効果まで期待できるのではないか。

町は防犯に力を入れているようだが、土地が荒れ果てずに昔ながらの景観が保たれるとしたら、セキュリティの面でもいいはずだ。冬にこの一帯が枯れ野になって、火でも点いたら、あっという間に燃え広がって手がつけられないだろう。町には消防どころか、人が誰もいないし、水道も止まったままだ。牛は枯れ草も食べてくれる。

人が入れない警戒区域の農地を、牛に開放すればどうだろう。人が帰還できる日まで農地が農地でありつづけるために、牛はきっと働いてくれる。牛の舌、牛の口と胃を借りるのだ。牛は咀嚼(そしゃく)することを仕事にしているような動物なのだから。

いったん別れた牛と再会してから、ちょうど一年。被曝覚悟のうえでやってきた渡部だったが、探しあぐねていた「被曝した牛が生きていく意味」の手がかりがようやく見つかった気がした。牛を生かしておく理由も、牛飼いが被曝した牛と一緒に生きる意味も。

だが、それは安楽死処分を撤回してもらうだけの理由になるだろうか。いや、論より証拠、この景色を見てもらえばいい。

渡部は立ち上がって、双子の牛がいる小丸の牧場へ向かった。そこには高線量下にたくさんの牛が生きていて、大地が生み育てている草をきれいに食べながら、たまにやってくる人間を待っている。

「希望の牧場・ふくしま」発進

警戒区域の中では、エム牧場の村田淳と吉沢正巳もまた、牛を生かす意味をめぐる闘いを繰り広げていた。被曝しながら、手間と餌代をかけて、商品価値のなくなった牛を飼育しつづける。なんとしてもそこに自他ともに認めうる意味を見いださねばならない。

村田は責任感の強い牛飼い経営者。吉沢も困っている仲間を手助けする、男気のある牛飼いだ。頑固なところはあっても、二人ともオープンマインドの持ち主だった。「みんなでアイデアを出し知恵を絞って、この牛たちが生きていく意味を見つけよう」という態度は一貫していた。研究者や政治家の視察、メディアの取材なども拒まず、という姿勢だった。それがまた、オフサイトセンター（原子力災害現地対策本部）や県・町の役人の神経を尖（とが）らせる原因になっていた。

衆議院議員の高邑勉の助言で「家畜の衛生管理」の名目で立ち入り許可証が出たあとも、立ち入りや飼養管理をめぐるトラブルは何度もあった。とくに国の安楽死処分指示によって二人に「逆のスイッチ」が入ってからは、お互い三三〇頭の牛を守るためには闘争も辞さない気構えであった。

二人はその後も高邑とたびたび会って、警戒区域内の牛について意見を交換してきた。

いちばんの気がかりは、冬の間、これだけの頭数に見合う十分な餌を確保する難しさだった。誰も住めない警戒区域の中で、牛の世話をする人の問題もある。高邑は現地の取材を通じて知り合ったジャーナリストにも声をかけた。

そのなかから、APF通信社の二人の若手ジャーナリストが協力を申し出た。彼らは取材を通じて、餓死する動物のあまりに悲惨な状況を見てきた。何十頭も首を並べて餓死している牛舎。蛆虫が湧き、蠅の巣と化した牛舎。あの凄絶な死臭に比べれば、糞尿のにおいなど、自然の排泄物、生きている証しに思える。二人はこれまで牛となんの縁もなかった素人ながら、牛の世話や牛舎の清掃などにも積極的にかかわった。

彼らは仲間にも呼びかけて、交代で福島に滞在し、牛の飼養管理に当たるようにした。情報発信が重要になってくるため、牧場内の現実を伝えるライブカメラも設置し、ネット配信を開始した。

そして二〇一一年七月、エム牧場浪江農場を母体に、村田と吉沢を中心とするプロジェクト「希望の牧場・ふくしま」が発進した。浪江農場の牛の飼養管理にとどまらず、牛飼い同士の連携を強め、警戒区域内の牛と農家を支援する活動団体という性格も有している。

活動目的として、「原発事故により、生命の存続の危機にある動物たちの保護・救出活動と飼育・管理活動」を挙げた。実際、自分たちの牛の飼育を続けながら、他の農家に餌を提供したり、飼えなくなった牛を引き受けた。安楽死処分用の柵にまぎれこんだ不同意の農家の牛を、車で飼い主の牧場まで運び届けることもあった。

趣意書には、「こうした動物たちを継続飼育することで、今後の放射能災害の予防に貢献し得る、貴重な科学的データを集積し、学術研究などの公益性の高い目的に活用すること」も掲げた。

警戒区域の農家が牛を飼えなくなり、安楽死を選ばざるをえない現状に対して、牛たちを生かす第三の道を模索していくことが、活動の柱となる。これにはたとえば、被曝牛の調査・研究も含まれる。

それまで警戒区域内の家畜のうち生存が認められ、区域外へ持ち出す許可が得られたのは二例しかない。まず特例として、歴史的伝統行事「相馬野馬追」の保存のため、南相馬市小高区で飼育されていた祭事用の馬二八頭が五月二日に区域外の南相馬市原町区の馬事公苑へ移された。もう一例は、学術研究目的で、六月に南相馬市から茨城県笠間(かさま)市の東京大学農学部の牧場へ移動した豚二六頭である。「貴重な固有の畜種」であり、「放射線による影響等について調査研究が可能な家畜」であることから容認された。それ以外の家畜は生きて警戒区域の外へは出られない。

吉沢らは、「希望の牧場・ふくしま」による「保護・救出活動」と「飼育・管理活動」が公に認められることを期待した。しかし、現実は厳しかった。思わぬところからも横槍を入れられる。「学術研究」に協力することを掲げたために、動物実験に供するとは何事かと、動物愛護家や愛護団体からのクレームに悩まされることになったのだ。

それでも、公式ブログで呼びかけた募金が少しずつ集まってくるようになり、吉沢は月に数回、街宣車で東京や福島市内へ出向いては、原発事故で壊された町の絶望的な状況、警戒区域の避難民の気持ちを訴えつづけた。自分たちは町にいつ帰れるかわからない。帰れたとしても、子どものいない町、米や野菜を作っても売れない町、浪江町は日本のチェルノブイリになってしまったと。

一方、村田は、エム牧場の経営に必死だった。所有する一二〇〇頭のうち、避難区域内で経済的価値がなくなった約六〇〇頭に対しては補償があるとしても、残りの六〇〇頭も風評被害で市場価格が半値近くに下がっていた。さらには、出荷停止が加わった。

二〇一一年七月、南相馬市の農家が東京へ出荷した牛の肉から、一キログラムあたり二三〇〇ベクレルの放射性セシウムが検出され、それは放射性物質に汚染された稲ワラの給与が原因であることが確認された。福島県は七月一四日、県内全域の牛の食肉出荷自粛を要請した。一九日には、国から牛の県外への移動（一二ヵ月齢未満を除く）と屠畜場への出荷制限の指示が出た。計画的避難区域、緊急時避難準備区域および指示のあった飼養農家については全頭検査（全頭を県内で屠畜後、精密検査を行う）、それ以外の福島県全域には全戸検査（農家ごとに初回出荷牛のうち一頭以上検査）し、さらに県は国の暫定規制値一キログラムあたり五〇〇ベクレルに対して、五〇ベクレルの基準を新たに定めた。その結果、八月二五日に出荷制限の一部が解除された。しかし、出荷停止期間が過ぎたあとも、市場価格は下がったままだった。

エム牧場の牛も全頭検査を受け、再び出荷できるようにはなった。しかし、村田は福島で繁殖と子牛の育成は続けていくものの、肥育拠点を他県へ移すことを考えざるをえなくなった。

村田は「消費者に買ってもらうためには、問題のある食肉は決して市場に出回らないと確信してもらう必要がある」と言う。

「福島というブランドが、いつになったら色眼鏡を外して、他と同じように認知してもらえるのか。残念ながら、〝フクシマ〟というのは世界中の人が知るところになってしまった。チェルノブイリという名を世界中の人が知っているように。半永久的に〝フクシマ〟という四文字が人々の頭の中から消えないなら、福島ブランドはいつか消え去る運命にあるのかもしれない。これは極論だけれど、そういうことも危ぶまれるわけですよ。そんななかにあって、いつまでも福島のブランドに固執していたんでは、わが社の経営は立ちゆかなくなってしまう」

村田は苦渋の決断をする。震災の一年後、肥育農場の一部を宮城県へ移したのだ。牛のブランドは繁殖・育成期間よりも長く肥育したところで決まる。原発事故以前から、福島で生まれた子牛が、肥育牛として買われていった先で成長し、それぞれ、山形牛や米沢牛、飛騨牛などになっていた。避難区域外にいたエム牧場の一部の牛も、宮城県の農場で肥育されて仙台牛になることになったのだ。

村田は経営的な判断をしつつも、本当なら福島で繁殖から肥育まで一貫してやっていきたいという、故郷への思いも捨ててはいない。移転後も、「希望の牧場・ふくしま」に餌を提供しつづける。

「ここ福島で経済活動を再開するのが、やっぱり最終的な目標だから、それまでは踏んばって逃げない」

村田は吉沢とともに国や東電と闘い、目に見えない放射性物質、顔の見えない風評とも闘っていかねばならない。

牛飼い仲間がいれば心は折れない

人も牛も生きるのに必死だった。

二〇一二年三月一二日、私が訪ねた「希望の牧場・ふくしま」では交通事故で重傷を負った子牛が懸命に自分の足で立ち上がろうとしていた。村田が首を抱き上げたり、足を支えたりして、なんとか立てたかと思うと、すぐにバタッと倒れ伏す。そこへ吉沢もやってきて、牛は二人に撫でてもらいながら、首を自分でちょっと持ち上げ、もらった餌をおいしそうに食べた。村田は、あちこち怪我をしているところに薬を塗ってやった。

この子牛は一ヵ月ほど前、二月一四日に福島第一原発の正門前で倒れていたのを吉沢に救助された牛だった。原発の作業員から「希望の牧場・ふくしま」の事務局へ電話が入り、牛の親子が作業関係者の車に轢かれ、母牛は即死したものの子牛は生きていると聞いて、吉沢が現場へ急行したのだ。

「希望の牧場・ふくしま」へ連れ帰って獣医師に診せると、脊椎を損傷し、下半身が麻痺していて、いずれ肺もやられて呼吸困難に陥るだろうという診断から「長くは生きられない」と言われた。「ふく」と名づけられたこの子牛は、しかし少しずつ水や餌を自分から口にするようになり、ひょっとしたら回復するのでは、という期待を抱かせるようになった。

公式ブログに掲載した写真、事故に遭った場所と約六ヵ月の推定月齢から、埼玉県で避難生活を送っている双葉郡の畜産農家の牛にちがいないという連絡が入った。

飼い主との対面がかなったとき、「ふく」は甘えるように大きな声で鳴き、四肢を踏んばってよろよろと立ち上がったという。吉沢らが初めて見る姿だった。この日を境に、ふらつきながらも自分で起き上がり、二歩、三歩と、一心に歩こうとする姿が見られるようになった。

闘病の日々、人にすっかり馴れたのだろう。私が寄っていっても愛想よく、犬のように手を舐めてくれた。村田は二本松への帰途、車の中で私にぽつりとつぶやいた。

「『ふく』ちゃんは、いずれだめになるよ。どこかの時点でお葬式せにゃいかん。それまではできるかぎり面倒見るけどね」

村田の言葉どおり、一週間後の三月一九日、「ふく」は痙攣発作を起こして亡くなった。餓死とは違って安らかな顔をした子牛は、牧場の南側、町を見下ろす小高い丘の上の風の少ない場所に埋葬された。

「ふく」ちゃんの出来事はテレビでも取り上げられ、全国から募金が寄せられるようになった。農家から餌の支援の申し出もあった。吉沢らはその支援金を「飼育・管理活動」のほか、「保護・救出活動」に充て、牛を生かしつづけている牛飼い仲間の支援にも回した。

二〇一二年六月には、楢葉町の農家と支援団体が飼っていた牛約六〇頭を、新たに「希望の牧場・ふくしま」に受け入れた。飼養管理を続けることが困難となり、殺処分が目前に迫ったうえでの決断だった。

「この牧場のキャパシティは、もう超えている。だからといって、六〇頭もの命を見棄てて、屈してしまっていいのか。そうなれば、警戒区域で苦労して牛を生かしつづけている農家の心が折れてしまう。一軒では倒れてしまうけど、励まし合う仲間がいれば頑張れる。いま、うちの牛はほとんど放牧場を使用している。新参の牛には牛舎を開放しよう。人手はこれから充実させていけばいいじゃないか」

ただし、牛にとっては生存競争がより厳しくなる。成長した牛は寒さには負けないが、子牛は弱い。実際、安価な乾草でしのいだ冬場に、多くの子牛が命を落とした。

吉沢とてジレンマに陥らないわけではない。闘牛のごとく突き進んできたが、自分の無力さに打ちひしがれ、耳に飛び込んでくる言葉に心を痛めることもあった。見当違いの批判や心ない揶揄はやりすごせても、被災者同士、牛飼い同士のいがみ合いはやりきれない。

「『なんでおめえらは国の言うとおり、安楽死の指示に従わないんだ』『警戒区域の牛は平等に死んでもらわないと、おめえらが牛を生かしているうちは、同意したおれらがばかを見る』。牛飼い仲間の間で、顔を真っ赤にしてこんな言い合いが起きちまう。なんで避難民同士で喧嘩しなくちゃならんのか。違うだろう。巨大組織である東京電力や国のほうを見ずに、どうしても目の前にいる意見の違う人に当たってしまう。

殺処分を行う家畜保健衛生所の獣医やそれに立ち会う役場の職員だって、牛を殺すなんて耐えられない。できることなら殺したくないが、職務上処分しなくてはならない立場なんだ。

牛飼いなら見棄てないぞ、と餌を運んで世話を続けてきたおれたちは正しいことをしたと思う。けれども、緊急避難時に牛を置いて逃げた農家も、そうするしかなかったし、正しい判断、正しい行動だったんだ。本意じゃなくても、安楽死に同意せざるをえなかったことは間違いない。殺す、殺さないで、うちじゅうみんなが言い争い、だんだん力尽きて、もはやこれまで、とハンコをつくほかなくなった。原発事故というのは、そういうことだったんだ。そうやって、牛を埋めた場所があっちこっちにある。いずれは、おれ、慰霊の記念碑をつくりてぇと思うんだけど」

二〇一二年一二月に吉沢に会ったとき、トラックの運転席の奥から、白い布に巻いてしまってあった卒塔婆を出して見せてくれた。「南無観世音菩薩如是畜生発菩提心悉皆成仏愛動物諸霊供養塔」とあった。吉沢はその数日前、牧場内に落ちている牛の骨を拾い集め、慰霊祭を営んでいた。

たくさんの牛が死んだ。その一方で、生まれてくる牛がいる。

「希望の牧場・ふくしま」の中でも、一時期、毎日のように子牛が生まれた。原発事故前に繁殖のため、種牛を連れてきていたからだ。三三〇頭のうち、去勢された雄牛を除く約二〇〇頭が雌牛だった。放し飼いにされた唯一の種牛は、自由に駆けまわり、恋人を見つけては、子を増やすために大いに働いた。そのあげく、げっそり痩せ衰えてしまった。

「しげしげ」という名のこの種牛は、エム牧場の功労牛だったので、村田の対処も遅れた。他の牧場への移動は禁止され、管理の人手も足りず、当時は去勢手術を理由に獣医師が警戒区域内に入ることもできなかったからだ。まもなく去勢された「しげしげ」は、本来の仕事を失い、行き場を失ったまま、牧場内で生き長らえている。

「しげしげ」だけではない。警戒区域で生きている牛たちには行き場がない。行き場とは、牛たちが生きる場でもある。

「売り物ではなくなった、経済的になんの価値もない牛に対して、国は『片づけろ、殺せ』としか言ってこなかった。たしかに、生き残っている牛たちは、もう家畜とは呼べないだろう。かといって、ペットでもない。うちの牧場を見ていると、放し飼いの動物園みたい、自然動物公園かな」

と吉沢は笑う。

牧場の外では、いまだ去勢されない放れ牛が駆けまわっていた。彼らは雌牛と交わって子をつくり、その子は生まれたときから人を知らない。人間から餌や水をもらった記憶もない、野生に近い牛だ。

安楽死処分の現場

牛は記憶力がよく、恐ろしい体験は学習して忘れない。恐れの感情が牛の成育を阻害することを知っている牛飼いは、牛を決して怒鳴ったり叩(たた)いたり蹴ったりしない。牛の首を撫でながら語りかけ、ストレスのない快適で清潔な牛舎環境に配慮している。

安楽死の危険性を察知した牛は、たとえおいしそうな餌が置いてあっても捕獲用の柵には入らない。仲間が捕獲され、二度と立ち上がらなくなるのを見ていた牛、自ら安楽死処分寸前までいって逃げ出した牛は、餌の誘惑と闘いながらも決して警戒心を失わない。

安楽死処分の作業員たちは、せっかく捕らえた放れ牛が興奮し、捕獲柵に体当たりして壊したり、高さ二メートルの柵を跳び越えて逃走するのを見た。牛を捕獲してあった柵が何者かに破壊され、牛の姿が消えていたこともある。

危ないところだった――牛がそう感じたかどうかはわからない。が、逃げ去った牛はもはや戻らず、遠目に様子を窺いながら柵の中には入らなくなった。

捕獲の危機を脱した牛は、たまに警戒区域に入ってくる人間の特徴ある姿を見ていた。彼ら人間はこれまで色とりどり、さまざまな恰好をしていたのに、今ではみな一様に

「白い服」をまとっている。その「白い服」が近づいてきたかと思うと牛はよろよろと倒れ伏し、立ち上がることは二度となかった。次第に牛たちは「白い服」の集団を恐れるようになり、彼らが作った柵には入らないようになった。

捕獲柵は、牛が入ると自動的に扉が閉まる仕掛けになっていて、内側からは開かないようになっている。最初は一頭ごとに閉まった仕掛けが、やがて何頭か一度に入ってから閉じるように工夫された。安楽死処分の作業は、人と牛の知恵比べの様相を呈してきた。

国道から一〇メートルほど離れた藪の中で、梅雨明けに設置されたばかりの柵が鈍い光を放っていた。左側の角が折れた一頭の牛が、柵に近づいたり離れたりを何度か繰り返している。柵の中には、こうばしい乾草と濃厚な香りの飼料が置かれてあった。それらは屋根の下で暮らしていたとき、飼い主が朝夕欠かさず目の前まで運んできてくれたものだ。そのかぐわしさは、柵が見えなくなるほど遠ざかっても風に乗って漂ってくる。その匂いに、牛は懐かしさと同時に危険を感じたのだろう。柵の中へは足を踏み入れようとしない。

牛が危険な匂いに尻を向け、硬くなったヨモギやササの葉をかじっていたときだった。国道のほうから蹄(ひづめ)の音がして三頭の牛が駆けてきた。柵の入り口の前をゆっくり行ったり来たりしていたかと思うと、いちばん大きな牛が柵の中にどっと突進していった。二頭も後を追って一気に突き進んだ。三頭は扉の閉まったのも気づかずに、餌に顔を突っ込んでいる。たくましい舌に撥ねられて乾草が舞い、配合飼料が飛び散った。

明くる日の昼過ぎ、「白い服」の男たちがやってきた。それを陰で見ていた牛には意外なことに、柵の中の三頭は近づいてきた「白い服」と接していても、崩れ伏すことはなかった。それどころか、彼らは運び入れた大きな袋をナイフで破り、餌を山盛りにして牛たちの前に置いて去っていった。その濃い匂いが柵を越えて、角の折れた牛がいる藪の奥まで広がっていく。三頭の牛は焦ることなく、ゆったりと食べつづけている。入り口の扉はやはり閉まったままだ。

日が暮れるころになり、今度は別の二頭の牛が柵の前に現れた。柵から数メートルのところに立って、それ以上に近づこうとはしない。中の牛たちが餌を食べて水を飲んでいるのをしばらく見ていたが、さっと身を翻して藪の中に消えていった。

三頭の牛が柵に入ってから三日目の昼過ぎ、再び「白い服」が姿を見せて、餌を置き、水を足すと、そそくさと帰っていった。

四日目の朝、一昨日の二頭がまた姿を現した。ほかに五頭が加わり、七頭の集団になっている。中の三頭と外の七頭は、柵越しに鼻と鼻を突き合わせたり、頭を擦り合わせたりしている。もともと同じ牧場で飼われていたらしく、親しげに鳴き交わす牛もいる。

親子や兄弟もいるかもしれない。牛たちからしだいに「白い服」に対する警戒心は消えていった。

外の七頭はゆっくり柵の周りを回りだした。その動きが止まったところに、なんと、もうひとつの入り口があった。こちらの扉は開いていた。

一頭がそろそろと入っていき、続いて六頭が我先にと歩を速めて進入した。七頭の目と鼻の先に乾草と配合飼料が待っていた。ごちそうにありつく間なしに、扉がバタンと閉じた。

この柵は中で二つに仕切られており、それぞれに入り口がついていた。先に牛が入った入り口が閉じても、その牛がおとりとなって仲間をおびき寄せる、もう一方の餌場の入り口が開け放たれているのだ。捕獲柵であるから、もちろん出口はない。

その翌日の正午近く、強い陽射しを照り返す「白い服」に身をつつんだ十数人の男がやってきた。

「いやぁ、捕獲作戦大成功！　すぐに処分せずに待った甲斐がありましたね」

「群れの数は常時見てまわっていたので、ほぼ把握できていたからな。まだ相当数が近くにいるはずだと」

「捕まえちゃうと、毎日の餌やり水やりはこっちですから、長丁場になると苦しかったんだけど、あっけないくらいに一網打尽ですね」

「今日は夕方から雨になるそうだから、作業を急がないと……」

安楽死の鎮静段階で、最初に柵に入った三頭は自分のほうから寄っていったので、たちまち膝を折ってうずくまった。麻酔の静脈注射の規定量を注ぎおわるころには、牛は地面に頭を着けて眠った。そして、注射器が小瓶に入った筋弛緩剤を吸い上げた。

隣の七頭の群れのうち、五頭は鎮静の注射器を持った獣医師が多少追いかけたものの、おとなしく膝を屈した。残る二頭は手がかかった。興奮して見境なく走りまわり、何度も柵に体当たりした。柵を越えようと跳び上がっては、膝のあたりをしたたか打ちつけた。柵を壊したり跳び越えていくほどには、牛たちはまだ野生化していなかった。

一〇頭の牛が地面に黒い小山をつくったあとは、クレーンの出番だ。一頭ずつ吊り上げられ、ダンプカーに積み込まれる。牛の巨体が荷台に下ろされるときには、牛に痛みを与えてはいけないと言わんばかりに注意をはらっているのがわかる。

「埋却地の用意はできているのか?」

「はい、この山の向こうで、車だと一〇分もかかりません。もう穴を掘りはじめています。ほら、重機の音が聞こえるでしょう」

牛の第一陣が到着したとき、埋却作業員はすでに深さ三メートルほどの穴を掘っていた。大地の底に安らかな眠りがあり、少しでも深く掘ってやれば安らぎが増すかのように、もうひと掘り、もうひと掘りと、ショベルカーで掘った土を積み上げていた。

列車一輌が埋まるほどの埋却壕(まいきゃくごう)にビニールシートが張られ、牛が一頭また一頭、そっと下ろされていく。

ときには研究者が牛を解剖するため、埋却壕の底に下りて作業することもあった。消石灰が散布されて覆土されるまでの三〇分から一時間程度で解剖し、研究材料を採取することは至難の業だ。なにしろ牛がクレーンでいったん地に下ろされたら、もはや体の向きを変えることは不可能だし、人体用の解剖道具では全く歯が立たない。

「先生、もう日が暮れてきました。そろそろ切り上げましょう」

「もうちょっと頼むよ。この前みたいに頭から消石灰をかぶせられるのはごめんだから、もうおしまいにするけどね。早く警戒区域を出たいのはわかるけど、そうせっつかないでよ」

「業者さんも被曝の研究が大事なことは理解してくれていますが、このままエンドレスになっては……。片道二時間以上かけてここまで来てくれている人もいますからね」

家畜保健衛生所の獣医師と研究者のこんな対話が続くなか、作業の動静を探るように角の折れた牛がどこからともなく現れた。すぐ近くに牛の姿を認めた「白い服」が耳標を確認しようと寄っていくと、さっと逃げていった。

ゴーゴーと地響きを立てて土が埋め戻される。折り重なって眠っていた牛たちの姿は、たちまち土の中に消えていった。

やがて読経の声が響き、線香の煙が漂うと、先ほどの牛はまた戻ってきた。だが、人間にはもう決して近づかない。

並んで黙禱していた「白い服」が、後片づけを始めた。彼らが乗った車が見えなくなると、角の折れた牛は小高くなった埋却地までやってきて、暗くなってもその場を立ち去ろうとしなかった。

第五章 ふるさとを遠く離れて

牛の時間と人間の時間

牛と共に帰郷する日は来るのか

二〇一三年三月一一日。東日本大震災発生からちょうど二年後のこの日、本宮市の福島県家畜市場で和牛の競りが開催された。

その会場に、飯舘村から避難した二組の夫婦がいた。彼らが飯舘村から連れてきた母牛「つのだ四〇」の産んだ子牛「なかじま九」が、競りに出場したのだ。

山田猛史・陽子は、震災の夜の闇のなか、懐中電灯の光を頼りに、獣医師の平野康幸と一緒に子牛を余震の続く地上に引っぱり出した、あの飼い主だ。鼻の中を稲ワラで刺激され、くしゃみとともに命を吹き込まれた子牛は、誕生後も多難な夜を過ごした。初産の母牛が、どうしても乳を飲ませなかったからである。

長男の豊は、授乳を嫌がって子牛に尻を向けようとする母牛を落ち着かせるため、眠らずにつきっきりになっていた。子牛に自分の指を吸わせて、そのまま乳首に誘導する。子牛の吸いが弱くてうまく飲めない場合もあるが、このときは母牛がどうしても乳を飲まそうとせず、足を上げて子牛と豊に蹴りかかった。代用乳よりも母乳を飲んでくれたほうが、労力も省けるし金銭的にも助かる。興奮していた母牛が少し穏やかな様子を見せはじめた午前三時ごろになって、豊はひと眠りするために家に入った。

翌三月一二日は早朝から、豊は牛の飲み水用に隣家の貯水をもらいうけると、その足で妻の実家のある蕨平へ車を飛ばした。そこには山からの引き水が豊富にあったからだ。夕方、ラジオから流れてきたのは、原発が爆発したというニュースだった。

「うそだろ、映画じゃないんだから」

最初は半信半疑だったが、事態の深刻さが刻々と伝わってきた。牛舎では、この月内に一〇頭近くの牛が出産予定であり、このなかには豊が自分で人工授精した牛も含まれていた。何より、臨月の妻、あゆみの帝王切開の予定日、三月二二日が目前に迫っている。

さっそく「家族会議」を開いた。当時、山田の家では猛史の母が健在で、息子の豊、あゆみ夫婦と一歳八ヵ月の長女の四世代が同居していた。あゆみは老人ホームに勤めていたが、震災時は出産に備えて産休をとっていた。

あゆみは、じいちゃんにべったりの長女を、じいちゃんから離したくないと言う。豊は、最悪、死んだとしても人生長さじゃない、みんな楽しく一緒に生活したほうがいいか、と思った。僕らはさんざん電気を使ってきたんだからしょうがねぇ、こうなっちまったんだ。でも、子どもは関係ないな、と思うと、動悸で全身が激しく揺れた。そのとき、娘が「わあーっ」と泣きだした。なんでみんな、そんなに暗いんだ、みたいな感じで。

猛史が、「おれ以外はいったん避難しろ。まだこれから、どんなことが起こるかもしれない。避難の練習だと思って行けばいいんだ」と言った。

猛史以外の全員が泣いた。その夜、猛史を残して、家族は福島市内の陽子の実家へ避難した。

一九八二年生まれの豊は、県立福島商業高校時代に野球部でショートを守り、春と夏の二回、甲子園にも出場したことがある。「下手くそで、足も遅いのが自分でわかっていたから、野球は高校まで」と決めていた。大学進学を考えていたとき、発展途上国の農村へ行って学べるという東京農業大学の国際農業開発学科のパンフレットが目に入った。

「こういう仕事、いいかもな」と思って入学。最初は農業を継ぐつもりはなかったという。ベトナムなど途上国へ行ってみると、貧しくてインフラも整っていないのに、日本人より目が輝いていて、生き生きした生活をしている。一方、日本の農村地域では農業に希望を見いだせない人が多く、自殺者が出るくらい行きづまっていて、先進国といわれていながら先進国じゃないなと感じるようになった。日本の農業も、まだまだ違うやり方があるのではないだろうか。大学四年になったころ、豊は牛飼いを継ぐことを決めた。

福島に戻ってからは、人工授精師の資格を取り、種付けの経験も少しずつ積んでいった。震災があった三月に出産ラッシュだったのは、牛の栄養管理がうまく回りだしたからだ。二月には県の助成でニュージーランドへ研修に行き、「これから本格的に牛をやっていこう」と心を決めて帰ってきたばかりだった。

福島市へ避難した豊一家は、三月一四日の夕方に二号機の燃料棒が露出したという報道を聞き、一五日の朝、あゆみの友達の勧めで山形県寒河江(さがえ)市へ移った。幸い歩いて通える距離に産婦人科があり、あゆみは四月五日に帝王切開で次女を無事出産。赤ちゃんを連れて、福島市内の陽子の実家へ戻った。この間も、豊はときどき飯舘村へ帰り、地域の消防の仕事をこなした。

豊は避難生活を経験してもなお、「牛をやりたい」という気持ちが自分のなかで消えていないどころか、むしろ強くなっているのを感じた。とにかく牛に関して勉強になるような仕事を探そうと思った。少し前に、雑誌で「おいしい肉」を特集していたのを思い出し、その雑誌を引っぱり出した。

記事を読み直した豊は、「ここにコンタクトを取ってみよう」と、東京の精肉店と宮崎県の牧場の二ヵ所を選んでネットで調べた。加工流通販売の店と生産者という違いはあるものの、どちらにも心ひかれるものがあった。行った先で掃除をさせてもらうだけでも勉強になる。もし仕事がきつくて耐えられなかったら、そこでアルバイトでも探して生活していこうと、あゆみに相談した。

最初に電話をかけた東京の店で、店主から親が京都で店をやっており、但馬(たじま)牛の農家にも近いからと、そちらを紹介された。

「とりあえず来なさい」

豊とあゆみは二人の子を連れて、五月中旬に京都へ移った。

残った父の猛史は決断を迫られていた。牛飼いをやめるか、どこかへ引っ越して続けるか。次々に生まれてくる子牛の世話をする目まぐるしい毎日。体の奥底に重い疲労が蓄積していくのを感じる。そろそろ牛飼いに見切りをつけるときなのか。いや、おれはまだ年金をもらって暮らすような歳(とし)ではない。この締めつけられるような重苦しい疲れは、体の疲労ではなく、生まれ育ったふるさと、飯舘村を追い出されるように去らねばならないところからきているんだ。

二〇一一年七月三日、猛史と陽子、猛史の母の三人は、飯舘村から南西に約一〇〇キロ離れた西白河郡中島村へ移った。酪農を廃業した農家の牛舎を同じ飯舘村の原田貞則・公子夫婦と共同で借り、和牛繁殖を続けることに決めたのだ。ただし、牛舎に居住設備はないので、近くにアパートを借りた。いわば通いの牛飼いだ。

猛史の父、健一（けんいち）は、飯舘村の村長を一五年間務めた人物で、猛史自身も村会議員を務め、三期目の二〇〇四年には村長選挙に立候補し、現職の菅野典雄（かんののりお）に敗れている。以後、牛飼いに専念してきただけに、飯舘村の土地や畜産への愛着は人一倍強い。震災時、山田牧場には母牛だけで三〇頭近く、子牛を入れれば五〇頭ほどいた。これ以外に米と葉タバコ、ブロッコリーも作る、飯舘村の農家の典型でもあった。

「いずれ時機をみて帰らざるをえないべな」と、猛史は望郷の思いを屈折した言い回しで語る。

「飯舘の草を牛に食べさせられる状態になったら、なんとしても帰るしかねぇ。それまで、せめて田んぼだけでも、草ぼうぼうのままではおきたくねぇ」

息子の豊は、どう考えているのだろう。私は本宮市で競りを取材した四日後、京都で豊に会って話を聞いた。豊が働く牛肉店は、全国から一流のシェフや精肉部門の専門家がよく見学に来るような有名店である。勉強熱心な豊は、週に二日ある休みのうちの一日を、店の買い付けの日に合わせ、但馬牛の産地へ同行しているという。子牛の見方、値段の付け方、何よりも脂の質など味を追求することを学べているという意味では、豊の希望どおりだったといえる。

「規格では入賞するような牛でも、実際食べたときにあんまりおいしくないことがあって、なんでだろうと前から思っていたんです。飯舘村に戻って牛をやるにしても、別の場所で牛を飼うにしても、種付けが大事になってくるから、そこを勉強したい」

豊は以前から、肉や子牛の値段がサシと呼ばれる脂肪の霜降り状態で決まることに疑問をもっていた。

「残念ながら、それはおいしさの指標じゃないんです。農家はなるべく高く買ってもらいたいので、サシが入りやすく、でっかくもなるように、掛け合わせて種付けをする。それが日本の畜産農家の現状です。僕もそうしてきました」

私は、牛飼いだった豊が精肉を扱う現場で畜産のあり方を模索し、質の高さを追求していこうとしていることに、豊の若さと、畜産業の新しい世代の台頭を感じた。雑誌とインターネットで自らの進路を見いだし、自分の舌を信じて「おいしい肉」を作ろうとしているところなども、従来の畜産農家の後継ぎには見られなかった点だ。

繁殖農家は家畜市場で売買されたあとの肥育には関心が薄いし、肉となって店頭に並ぶところまで視野に入れていない。現状では牧場と食卓は断絶しているといえる。

ただ、豊もこれから先のことになると、まだ決めかねている。

「僕としては飯舘に戻りたいけれど、今は子どもを心身ともに健康に育てていくことが第一」

あゆみの実家のある蕨平は、飯舘村の中でも線量の高い地域だ。キノコや山菜を採り、畑で穫れた野菜を食べて育ってきた。それができない土地には帰りたくないだろう。よけいくやしい思いをするだろうから、と妻を思いやる。

「牛を飼うとなると、その地域に根ざして、二〇年、三〇年のスパンで考えてスタートを切らなければならないから、かなりハードルが高い。今は精肉の勉強をさせてもらっている。僕がやりたかった、おいしい肉を作りたいという畜産農家の本筋から外れていないから、精肉店としてやっていけるかなと思ったりもする。飯舘村へ戻るかどうか。牛飼いをするかどうか。二人の子のどちらかが小学校に上がるタイミングで決めて、中学校を卒業するころまで、その地域で頑張ろうと考えている」

豊は、「僕が戻って一から牛飼いをスタートさせるのは大変だから、親父は牛舎を借りてでも続けているのだろう」と言う。家のそばに牛舎があれば、種付けの目安となる発情の鳴き声も聞こえるが、通いではそうはいかない。それでも猛史は、次の世代に畜産を引き継ぐべく、牛飼いを続けているのだと。

震災から二年。牛たちには人間とは異なる時間が流れた。三月一一日の競りに出場した子牛の母牛「つのだ四〇」。震災直前、豊が競りで購入した牛。その「つのだ四〇」が初めて宿した子が一〇ヵ月近くを胎内で過ごし、二〇一二年五月一九日に誕生。さらに二九六日を経て、競り会場に連れてこられたのだ。牛の成長は人間よりはるかに早い。

この日の早朝、まだ暗いうちに、子牛は他の子牛二頭とともに、住み慣れた中島村の牛舎を出た。他の二頭も、中島村に来る際に猛史が買って育ててきた飯舘村の牛の子だ。

成長した三頭の子牛は、かつて母牛たちが積まれてやってきた、その同じトラックに乗せられた。珍しそうに駆け上がる牛もいれば、名残惜しそうに牛舎を離れようとしない牛、嫌がって乗ろうとしない牛もいる。

朝晩一日たりとて休むことなく餌を与えてくれた人間と一緒に、今は出発のときだ。もうこの牛舎に戻ることはない。牛たちの吐く息が白い。三頭の牛を乗せたトラックは、ゆっくり動きだした。

飯舘村を出た母牛の子が旅立つ

山田猛史と同じく、飯舘村から中島村へ移ってきた原田牧場の原田貞則・公子の二人にとっても、競りに臨むまでのこの二年間は苦渋に満ちた年月だった。

震災までの数年、酪農の専業農家から少しずつ和牛繁殖へ比重を移しつつあり、常時、五〇頭から六〇頭の牛を飼ってきた。

地震発生時、公子は提出間近の確定申告書を書いていた。激しい揺れを感じた公子は、外へ飛び出すと牛舎へすっ飛んでいった。牛舎の前で、公子は「神様、どうか牛舎だけはつぶさないで。家はつぶしてもかまわないから、牛舎だけは」と、しゃがみこんで祈ったという。

停電状態が長く続き、手で乳を搾る日が続いた。さらにその先には、原乳の出荷制限と廃棄の日々が待っていた。そして、獣医師の平野康幸が診療日誌に「飯舘村から乳牛が姿を消した」と記した五月三一日になった。

場所を移しての酪農再開は無理だから、乳牛は手放さざるをえず、残った肉牛をどうするか、貞則と公子は話し合った。貞則は、山田猛史より七歳若く、息子はＪＡで働いている。飯舘村を離れなければならないのであれば、和牛繁殖を廃業することも考えていた。だが、公子は断固反対した。

「牛を飼うのをやめることは、東電に負けることだ。牛を売って補償をもらって生きていくよりも、牛と一緒に、牛を連れて、第二の人生を踏み出したほうがいい」

貞則と公子は七月の初め、親牛一八頭、子牛三頭とともに中島村へ越し、山田猛史夫妻との共同の牛舎で畜産を再開した。これ以降、二つの家族は互いに協力し合い、牛飼いを続けている。公子は収入の足しになるようにと介護の資格を取り、老人ホームでフルタイムの職に就いた。牛舎の賃貸料を支払い、飼料もすべて購入したのでは、牛を育てて競りに出しても、手元にはいくらも残らないからだ。

原田貞則と公子、山田猛史と陽子の四人は、牛飼い仕事の合間に、牛舎の事務所でよく語り合う。私が訪問した日は、猛史が不在だった。牛のこととなると、公子は情熱的だ。

「津波で亡くなった人の家族は、国からの助けも何もなくても、一生懸命頑張っている。私たちは原発のために苦しい思いをしたし、被曝もしているから放射能で病気になる可能性も大なんだけど、命までは取られていない。自分の足で歩いていけるかぎり、頑張らなくちゃいけないいんだよね。

酪農は続けられないし、和牛（肉牛）も売って補償をもらったほうがいいと言う人が多かったけれど、私らは補償より自分の牛を選んだからね。いくら弁償してもらっても、そういう問題じゃないんだよ。私らにとっては家族同様だからさ。

この人だって人工授精師の資格をもって、自分で今までやってきたからこそ、酪農と和牛で経営が成り立ってきたのよ。私はまだ若いから、別な仕事に就いたってかまわないけど、うちのダンナは今さら土木仕事に出たって大変だし、他人に使われる仕事に就いたらストレスでそれこそ病気になると思う。だから、牛を連れてきたことは後悔していない」

公子の意見に従って牛飼いを継続したものの、貞則は「一八〇度環境が変わった」と言う。

「牛飼いがまさかアパート暮らしをするとは思わなかった。アパートまで牛舎から車で数分、歩いたら二〇分ほどのところだけど、今までのようにちょっと牛舎を覗いてくっからというわけにはいかない。晩酌やっちまえば、動きたくないしねぇ。最近は慣れてきたけど」

同じくアパート暮らしで牛飼いを続ける、山田猛史の妻、陽子も「汚れた服のままアパートに入っていけないしね」と言う。「飯舘村復興は畜産から」と牛飼いに執念を燃やす猛史についてきたものの、現状には懐疑的にならざるをえない。

「風評被害で福島の人みんなが苦しんでいるなかで、農作物など食料を扱うことは、すごく難しいと思う。私が小さい子どものいる若いお母さんだったら、福島産はやっぱり避ける。ましてや、飯舘で牛を飼うなんて私には考えられない」

原田貞則も、「おれは猛史さんより意気地がねぇから、いつまで牛飼いを続けられるかわかんないねぇ。飯舘ではもう畜産はできないような気もするんだけども」とつぶやいた。

「できないような気がするんじゃなくて、できねぇんだって」と、公子の口調が激しくなり、私は三人の会話を横で聞いているだけになった。

「放射能は五年や一〇年で消えないんだよ。セシウム134は少しずつ減っていくけど、137はほとんど減ってないって。それが怖いんだよ。私は（飯舘には）帰りません。陽子さんのところなんて後継者の豊君が戻ってきて、これからというところだったのにねぇ」

「そう、うちは絵に描いたように幸せだったのよ」

「ほんとだよぅ。それが一気に地獄だもの。くやしいねぇ」

と、公子がため息をついて続けた。

「こんなこと考えていると、ほんとに憂鬱になってくるから、考えないで前向きに働くだけ。そのうち道も開けると思うから」

「公子さんとうちのお父さんは、すごく前向きなんですよ」

と、陽子が私のほうを向いて言った。

「どうせおれはブレーキだよ」と、貞則が口を挟み、一同大笑い。

「でも、ブレーキも大事だよね。前向きな人も必要だけど、そのあとをカバーする人もいないとね。うちの人は村会議員は辞めたけど、まだいろんな役をもっていて外に出ていることが多いから、貞則さんに助けてもらわなかったら、私は牛の世話なんてとてもできない。飯舘村にいたときは、主にタバコやブロッコリー栽培が私の役目だったから」

「猛史さんがいくら頑張って帰ろうとしても、現実に無理なものは無理なんだから。除染なんていったって、二階から目薬をさすようなもんよ。焼け石に水だわ。私は帰らない。帰りたい人はどうぞ帰ってください。私はここで自分が倒れるまで働くから」

という公子の言葉を受けて、陽子がこんなことを言った。

「前向きな意味で帰らないという人と、逆に前向きに帰るっていう人と。どっちも積極的なんだけども……。夫婦で考えていることが、ばらばらなんだよね」

「そうだよ。避難生活が離婚につながっていることがいっぱいいるもの」

と言いながら、公子は少し笑顔になった。

「それでも、こうしてお互いに助け合いながらなんとかやっているからね。たまに仕事が終わったあと、近くの温泉に行ったりできるのは幸せ。酪農一筋だったときは、そんな時間の余裕なんて全くなかったもの」

公子は牛だけでなく、アパートには猫と犬も連れてきていた。

「ダンナに、おれと牛とどっちが大事なんだって言われるけど、かわいいものはかわいいからね。猫もかわいいし、犬もかわいい。自分の子どもと一緒よ」

飯舘村の原田の家の周りには、居ついた野良猫の半数がまだ残っているという。

「近所の人は私が猫好きだってことを知っているから、うちの周りに猫をよく放っていったのよね。朝、乳搾りのコンプレッサーを回す音がしだすと、ああ、乳飲めるって、猫も鶏もチャボもトウテンコウもみんな集まってきて。前搾りしたのを入れた容器を、ほらって、そのへんに置くとねぇ、みーんな集まってきて飲むのよ。猫は十何匹いたな。交通事故に遭ったりするから、増えるようで増えないの。これが朝と夕方、一日二回」

機械で搾る前の手搾りといい、乳頭が刺激されて乳の通りがよくなり、異状も発見できる。猫たちはそのお相伴にあずかっていたのだ。そのような平穏な生活が壊れて、一年が経ち、二年が経った。今では福島市内にいる息子が、ときどき家の様子を見がてら、周りの猫の餌をやりに行っているという。

二〇一三年三月一一日の競り当日。原田貞則・公子が飯舘村から連れていった二頭の母牛が産んだ子牛も、午前八時過ぎに本宮市の福島県家畜市場に到着した。生まれて二九五日の「久忠(ひさただ)」の母は「うめやすふじ」、父は「安福久(やすふくひさ)」。二九七日の「福春(ふくはる)」の母は「ふくはる」、父は「北乃大福(きたのだいふく)」。「ふくはる」は、今回が初産。この二年の間に子牛は成長して続々母牛となり、子を産んだのだ。生まれた子牛が、ようやく一人前になり、この日、競りに臨む。「久忠」と「福春」はトラックから降ろされ、大勢の牛たちと一緒に約一時間後に始まる競りを待つ。服も長靴も赤い公子が、緊張気味の二頭の首や背をやさしくさすり、丹念にブラシをかけてやる。

その隣には、山田猛史・陽子の三頭の牛もつながれている。陽子は灰色の頭に薄紫のスカーフを巻き、薄いピンクの長靴を履いている。きらきら輝く真剣な目を牛の全身にくまなく注ぎ、やっぱりブラッシングに余念がない。その姿は「牛飼いの少女」といった風情だ。

三三四頭が出場する競りで、原田の牛の入場番号は先頭に近い三、四。山田の牛は八、九、一〇。牛たちは頭に番号札を着けている。

競りの開始が告げられた。牛たちは飼い主に綱を握られて、番号順に会場へ向かう。進もうとせずに暴れている牛もいる。私は先回りして、購入者たちが陣取っている階段状の椅子席の後ろから、原田と山田の牛の競りを見ることにした。会場に入ってきた猛史と陽子が、ときどき何か話している。貞則と公子は緊張気味だ。

いよいよ原田の牛たちの番だ。貞則と公子の二人は家畜市場の担当者に綱を渡し、出口に寄って見守った。たちまち電光掲示板に赤色で価格が表示され、数値はあっという間に入れ替わり、上昇したかと思うと止まった。「福春」には、六二万円という高い値がついた。そのとき、貞則と公子が目を見交わし、ちょっとほほ笑んだのが、私の目に入った。遠目にも、公子の白い歯が一瞬光った。

息子の豊が購入し、山田猛史が飯舘村から連れてきた「つのだ四〇」が産んだ子牛も、五〇万円を超える高値をつけた。

会場を出た牛たちは、別の建物の中に繋留(けいりゅう)され、新しい飼い主の手によって次の棲みかへ旅立ってゆく。そこで、一部の牛は母牛となって子を産みつづけ、他の多くの子牛たちはこれから二〇ヵ月ほど、肥育牛としての生を生きる。

元の飼い主との別れは、生まれ育った牛舎を出るときにすんでいる。牛たちは家畜市場の職員に引かれて、次々に競り会場を出ていった。

　山田牧場ではこの日、子牛が生まれる予定のため、陽子だけが急いで中島村へ戻っていった。

第六章

牛が生きつづける意味

牛飼いを支援する
研究者

被曝した牛の存在価値

牛を飼いつづけている農家だけでなく、安楽死処分の指示が出た直後から、研究者のなかにも警戒区域の牛を生かす動きが出てきた。彼らもまた、被曝した牛を生かしつづける意味を考えていた。

もっとも研究者にとっては、被曝した生きものがこれだけ多数存在する時と場所はめったにないのだから、有意義な研究対象になることは自明の理である。医学、生物学、生態学、放射線学など、分野を問わず世界中どこへ行っても、こんなに大規模な生物の被曝実験はできるものではない。チェルノブイリでできなかった綿密な調査をして分析結果を公表することは、原発事故を起こして放射能汚染を広げた国の科学者の責務だといえる。内部被曝が進行している牛を殺処分して顧みないことは、将来に役立つ知見や科学的真実を得る機会を自ら放棄するようなものだ。

岩手大学農学部の岡田啓司（けいじ）准教授は、二〇一一年の夏ごろから警戒区域の中に入るようになり、被曝した牛の存在価値を訴えてきた。

岡田は「無獣医療地域」と化していた現実を見て、殺処分に同意しない農家の牛を診るとともに、雄牛を去勢してまわった。放っておけば、どんどん種付けされて、頭数があれよあれよという間に増えてしまうからだ。それでは警戒区域は野良牛だらけになり、捕獲しようとしても追いつかなくなってしまう。翌年の四月以降は、学生時代からの友人である獣医師に手伝ってもらいながら、一〇〇頭を超える雄牛を去勢してきた。

メスや鋏（はさみ）を使う去勢術そのものは五分程度で終わるが、麻酔をかけて寝かせるまでが大変だ。一頭に三時間以上かかることもある。おとなしい牛には、そっと近づいていき、さっと注射を打つこともできたが、だんだん近寄れなくなった。ずっと野外で生きている雄牛は一歳を過ぎ、三歳、四歳となるともはや猛獣に近い。近づくのが難しい場合は、注射器を槍の先に付けたり、吹き矢を利用することもある。

次々に去勢してまわった結果、最後には通常の五倍以上の鎮静剤を注入されても走りまわっているような強者（つわもの）が残った。五分から一〇分で薬が効くはずなのに、三〇分ほどかかってようやく、どっと崩れるように膝を折って寝てくれる猛者（もさ）ばかり。ロープを手に持った男たちが牛を追いかけ、牛に全身で覆いかぶさっていくところなど、まさに西部劇の世界だ。

岡田は大学で学生に、牛を診療する際に必要なハンドリング（保定）について実習指導もしてきた。暴れ牛への対処法にも、ある程度自信はあったが、一歩間違うと角で突かれたり蹴り殺される危険性があった。野性に目覚めた雄牛たちは、子孫の種を断たれることを感じるのか、命懸けで抵抗する。最後には屈しても、施術後に覚醒剤を打たれて、再び起き上がる。牛たちは意識がもうろうとした状態で、よろよろと立ち上がってはまた倒れながらも、大地を踏みしめて去っていった。成牛の精巣は掌いっぱいほどの大きさがあり、用意した車載冷蔵庫の扉が閉まらないほどだった。

去勢の目的のひとつに、牛の血液と精巣の放射能レベルを測定することがあった。浪江町小丸地区の渡部典一の牧場の牛は、精巣中の放射性セシウムが一キログラムあたり平均八八九二ベクレル。同末森地区の山本幸男の牧場では一四〇六ベクレル、高瀬地区の原田良一の牧場では二四一ベクレル。精巣中の放射性セシウム値の差は、場所ごとの空間線量の違いを如実に反映していた。

岡田は去勢手術を通じて、警戒区域の中では獣医療が全く行われていない現実を改めて目の当たりにした。生き延びているとはいえ、病み衰えている牛があまりに多く、生き残った家畜の生活の質（ＱＯＬ＝クオリティ・オブ・ライフ）の向上と、餌やりに通う農家の被曝を低減する必要性を強く感じたという。

「警戒区域に生存している牛は、家畜でもない、野生動物でもない、ペットでもない、実験動物でもない、動物園や水族館にいるような展示動物でもない。これらのどれにも属していない牛は、家畜すなわち産業動物としての前途も断たれています。

すでに牛の生体除染に関しては見通しが立っており、汚染されていない飼料を三ヵ月程度給餌すれば、牛の体内を被曝前と同じレベルまで清浄化できることがわかってきました。私たちも、清浄飼料を摂取していた警戒区域内の牛の四〇％以上が出荷基準を満たしていたことを確認しています。牛の汚染は原発二〇キロ圏内でもかなりばらついており、一律に殺処分しなければならない理由は存在しないのです。

しかし、高線量で容易に除染できない地域もあり、風評被害は今後も続くでしょう。行き場のない牛を生き残らせる可能性があるとしたら、研究対象に使うしかない。低線量長期被曝の継続的な研究はもちろんですが、牛による農地保全の研究も有望だと考えています」


牛に草を食べさせて農地の荒廃を防ぐ試みは、前述のように二〇一二年に渡部典一ら「浪江町和牛改良友の会」のメンバーの牧場でその効果が実証されていた。私が話を聞いた二〇一三年には、岡田は渡部らの実践をさらに進め、「放射能汚染された農地や里山への牛の放牧による除染」「家畜の無人管理システム構築」まで研究課題に据えるようになった。

都市部や農地では、洗浄や表土剝ぎ取りなどによる除染が進められているが、広大な林地の除染は後回し。というか、除染方法はいまだに見いだされていない。しかし、畜産農家の多くは林地や耕作放棄地で牛を飼養してきたため、線量の高い地域では家畜への影響が危ぶまれ、将来の営農再開の妨げになる。そこで、草地や林地に放牧した場合の放射性物質の動態や家畜への影響を調査して、畜産再開に向けた安全性確保のための基礎データを収集し、牛を用いた除染の可能性も検討することにしたのだ。

岡田は震災以前から、牛の動きをとらえるセンサーを使って、牛舎内の牛の行動を無人監視するシステムの開発に取り組んできた。牛の体の揺れや歩き方の変化から、発情、分娩、健康状態などを察知し、病気の予知や診断に活かすのである。たとえば、無人管理で牛に放射線センサーを着ければ、牛の生涯被曝量がわかり、飼い主の被曝量も減らすことができるという。

生き残った牛を研究に有効利用することで、被曝した牛の世話を続ける農家の負担を減らし、結果として牛を生き延びさせることができる。そこで岡田は、牛の被曝調査に熱心に取り組んでいる他の研究者や日本獣医師会に働きかけ、自身が事務局長を務める「一般社団法人東京電力福島第一原子力発電所の事故に関わる家畜と農地の管理研究会」（通称「家畜と農地の管理研究会」）を立ち上げ、二〇一三年の初めから活動を開始した。

参加する農家は、「浪江町和牛改良友の会」のメンバーのほか、大熊町、双葉町、富岡町、南相馬市の避難指示区域の農家で、牛の頭数は合わせて三六〇頭余り。飯舘村の牛はすべてこれ以前に村外に出されたので、ここには含まれない。

二月から三月にかけて、岡田らはさっそく牛の個体識別と管理リストの作成にとりかかった。牧場に柵を設置して牛を追い込み、耳標装着、妊娠診断、去勢などを実施した。

牛飼いの矜持（きょうじ）に応える

放射線外部被曝に関しては、今日でも広島と長崎の原爆被爆者の記録が、人体への影響を知るための評価基準になっている。内部被曝については、マウスなどを使った実験も行われてきたが、どうしても限界がある。不幸なことではあるが、事故からしか学べない科学的知見もあるのだ。福島原発事故で被災した家畜は、内部被曝の生物への影響を知る貴重な資料になりうるのである。

獣医放射線学の専門家である北里大学の伊藤伸彦（のぶひこ）教授によると、家畜を対象とする放射性セシウムの生物学的半減期に関するデータは従来ほとんどなかったが、今回の事故で被曝した牛の調査によって、筋肉の種類によりセシウムの減り方が全く違うこと、またその規則性もわかってきたという。ちなみに生物学的半減期とは、体内に取り込まれた放射性物質が代謝や排泄によって半分に減るまでの時間を意味する。

「家畜と農地の管理研究会」に参加する以前から、伊藤は警戒区域内で捕獲され安楽死処分を待つ牛を使って、飼育環境と栄養状態を段階的に改善しながら解剖し、生物学的半減期を調べてきた。まず、筋肉や臓器を七二種類の組織に分けて採取し、内部被曝の変化を調査した。全身の筋肉を調べた結果、筋肉の大きさと生物学的半減期、つまり体内にある放射性物質による内部被曝の減衰速度との関連性が見つかったという。私が取材した二〇一三年四月の段階で、新しいデータの一部を紹介してくれた。

それによると、筋肉は部位ごとに放射性セシウムの代謝速度が異なり、筋肉が大きくなるほど生物学的半減期は長くなる傾向が認められた。たとえば、顎を動かす筋肉である咬筋(こうきん)は、最初の測定では非常に高い値を示すが、清浄な餌を食べはじめると濃度はすぐに下がる。しかし、清浄な餌を与えても、数値が下がる速度の遅い筋肉もあった。咬筋の半減期はいちばん短く二週間ほど。大腿(だいたい)四頭筋や大腿二頭筋、中臀筋は長くて四週間近い。

また、清浄飼料給餌前の牛の各組織中のセシウム濃度は、唾液腺、筋肉、腎臓などで高く、腸管、神経組織、甲状腺では低い値を示した。体内のセシウム保持量は、第一胃内容物が最も多く、全身の六〇%近くになる。次に多いのが心筋や舌を含む筋肉で、全身の二五％程度であった。第一胃内容物のセシウム保持量が最も高いのは、草を主食として大地に生きる牛の宿命である。

きれいな餌を与えて何日経てば放射性物質が体外へ排出されるのか。それを予測できることは大きな意味をもつ。体内の清浄度を把握し、汚染されていないことがわかれば、風評被害を防ぎ、将来の畜産復興に役立つ。伊藤は「牛をただ殺すだけでなく、研究利用し、今後に活かせる情報を発信することは、消費者の安心にもつながるはずです」と言う。

今後、牛の血液や尿中放射能から体内の汚染濃度を推計する方法が確立されれば、牛を殺して調べなくても内部被曝の状況がわかるようになるだろう。

「家畜と農地の管理研究会」は、二〇一三年五月に初の大規模な総合調査を開始した。以後、年に三回実施し、研究者と牛飼いの協力によって、動物の内部被曝に関するより幅広い詳細なデータが蓄積されつつある。

牛の積算被曝量（外部被曝）および採食量（内部被曝）と放射性物質の臓器分布は、どのように関係するのか？　その生体組織への影響は？　いずれ染色体分析による低線量持続被曝の遺伝的影響の評価も出てくるだろう。今回の調査内容にはセシウムだけでなく、「放射性ストロンチウムの汚染状況を牛によりモニタする手法の確立」も含まれている。ストロンチウム90は生物学的半減期が約五〇年と非常に長く、骨に沈着しやすくて長期間蓄積する危険な物質である。

放射性物質の種類別に、その体内分布と時間による変化がわかれば、それはゆくゆく人間の内部被曝の影響を評価する際の基礎データにもなる。今後の調査・研究に注目したい。

土が汚染されれば草が汚染される。そしてそれを食べる牛も被曝することになる。牛は大地とともに生きている。その大地の放射能汚染は驚くほど広範囲に広がり、宮城県を越えて岩手県にも及んでいた。

岩手大学の岡田の同級生で、警戒区域の牛の去勢手術を手伝ってきた獣医師の三浦潔(きよし)は、岩手県奥州(おうしゅう)市江刺(えさし)区に住み、胆江(たんこう)地域農業共済組合家畜診療所に勤めながら、自身で牛を飼う繁殖農家でもある。

震災発生時は繁殖障害の診療中で、ちょうど肛門から直腸に手を突っ込んでいるところだったという。やがて、原発事故で飛び散った放射性物質が岩手県にまで達していることを知った三浦は、友人たちと測った空間線量率の高さに驚き、以来、土壌と牧草の調査を続けている。

三浦の牛は毎年五月から一〇月いっぱいまで、牛舎を離れて共同放牧場のある阿原(あばら)山で過ごす。阿原山では例年、周辺の農家の牛およそ二〇〇頭が放牧されるが、震災後、牧草一キログラムあたり五〇〇ベクレル前後のセシウム汚染が判明し、二〇一二年は放牧中止となった。

翌二〇一三年の三月、福島から岩手まで足を延ばした私は、雪の残るなだらかな低い山の間に田んぼや牧草地が点在している道を車で走り、牛舎のある三浦の家に着いた。奥州市の三浦の自宅から、『遠野物語』の舞台となった遠野市までは三〇キロほどだ。

三浦は広島県の生まれで、両親は原爆の被爆者である。岩手大学を卒業後、獣医師として広島県庁に就職し、六年間おもにウイルス検査などで一日中顕微鏡を覗く仕事をしてきたという。ところが牛を飼い米を作る、自給自足の生活への憧れがつのり、その地を岩手の山里に求めた。その山里まで、原発事故による放射能汚染は広がっていた。この年は六月三日からの放牧が決まったが、約三〇％は汚染がひどく、使用できる状態ではなかった。三浦自身の牧草地も、当初は牧草中の放射性セシウム濃度で一キログラムあたり二五〇ベクレル前後という高い数値が計測されたが、除染後はなんとか二〇ベクレル程度に下がった。

私は牛の去勢のために警戒区域に出入りしてきた三浦に、高線量下にもかかわらず餌やりに通いつづける農家について訊いてみた。同じ牛飼いとしてどう思うかと。

「あれはやっぱり牛飼いの矜持ですよね」という言葉が返ってきた。

「ここの放射線量は高いいし、昔とは変わってしまったけど、牛が殺されもせずに自然のなかで楽しく生きていけるというなら、あんなに被曝の危険を冒して世話しなくても、牛飼いは納得するんじゃないですかね」

　同時に三浦は、殺処分された牛とともに、かき消されてしまった声があることを語った。

「いちばん傷ついているのは、牛をつないだまま逃げた人たち、安楽死させた人たちかもしれない。殺処分に同意するのは、東北の農民としてみれば、まっとうな行動ですよ。国の施策に従って東北の農家が歩んできた道を思えば、国や農水省が決定したことに口を挟むなんてありえない。

　よくも悪くも、そんな東北の〝ムラ社会のつながり〟を、原発事故は崩してしまいました。それがもろに断ち切られた苦しさがあります。黙ったまま牛飼いや農業をやめてしまう人が、かなり出てくるのではないでしょうか。避難したまま埋もれるように生きて、語らない人が多いですからね。獣医の視点ではなく、農家の視点に立ってみると、これは本当に悲惨なことになっているなと感じます。走りまわっている牛は、ちゃんと管理してやりさえすればいいんですよ」

「家畜と農地の管理研究会」には、小丸の牧場と山林一帯を長期的な観察と研究のための一種の展示施設とする計画もある。これについても三浦に訊いた。

「土地が狭くて牛の密度が高いと、牛が樹皮などをかじって木が枯れることもありますが、小丸くらい広い牧場なら理想的でしょう。それを人為的に淘汰して雌牛だけにしたら、おそらくあと一〇年くらいで牛はほとんどいなくなってしまう。これは門外漢の個人的な意見ですが、あれだけの面積なら、ある程度は自然淘汰で数がそろってくるような感じがします。豚ならイノシシとの交配の危険性も考えられますが、牛と交配する可能性のある動物は日本にいませんから、自然の遺伝子を攪乱する心配もありません。五〇年、一〇〇年、山に人が入れないとなれば、牛なしでは放棄された原生林に戻るだけです。人の手が入っているから、自然林の状態が保たれているのです。人が住めなくなった大地を牛が踏み歩き、食べ歩くことによって、一〇〇年後、二〇〇年後まで牛などの大きな反芻動物を中心とした自然住環境を保つという、一種の壮大な実験の価値は非常に高いものがあると思います」

三浦の家には、親牛五頭に子牛もいる。三浦はその風貌といい、朴訥とした語り口といい、茫洋としたなかに温かみがあり、どことなく牛を感じさせる人物である。好きな牛と長年、あまりに近く接してきた人は、牛の雰囲気が身につくのだろうか。

「こいつらは一年のうち一日お産で働くだけ、あとの三六四日は遊んで暮らしているんですよ」と、三浦は日が傾いてパドックから牛舎に戻ってきた牛を撫でて笑った。

牛が「幸せ」に生きるために

岩手で三浦に会うひと月前、私は東北大学の佐藤衆介(しゅうすけ)教授の研究室を訪ねて、福島から仙台までの雪道を車で往復した。どうしても訊きたいことがあったのだ。

それは、家畜である牛が野生動物のように生きられるのか、という疑問だった。福島に通うようになって、私は放れ牛がまるで野生動物のように駆けまわっている姿を何度も目にしてきた。その野性は、時が経つにつれて強くなっているように感じられた。小丸で渡部典一に飼養されている牛たちも、柵の中ではあるが、牧野や田畑や森を自由に行き来し、夏場は自分で餌を求めて生きるようになっていた。

一方、無残な行き倒れの姿に直面することもあった。体のどこにも傷がない、おそらく病死と思われる者もいれば、岩石の塊のような巨軀を横たえて土と化そうとしている者もいた。いつしか私は小丸で飼われている牧場の牛たちも、野生動物の強さと家畜ゆえの弱さをあわせもっている、と感じるようになった。たとえば、双子の兄弟牛の鋭く伸びた角、躍動する巨体は野性そのものであるが、子どものころは渡部が昼夜世話しなければ生き延びられなかったほど虚弱であった。また、牛は草の種類を問わず頑強そうな口と胃で常に咀嚼・反芻しているが、子牛はすぐに下痢をする。人間が手をかけてやらないと育たない。

私が感じている、この牛という生きものの強さと弱さ。はたして家畜として生きてきた牛が野に放たれて野生動物のように生きていけるのか。

佐藤は動物行動学者として、野生の牛についても長年研究を続けてきた。私は畜産関係の専門誌で、佐藤が震災以降、応用動物行動学会や東北大学の研究者らと共同で、南相馬市の酪農家の牛舎と採草地を借り受け、六〇頭以上の被曝した牛を飼い、土壌と草の調査を続けていることを知った。放射性物質汚染が牛の健康や行動に及ぼす影響を調べながら、牛を利用した放牧地の除染技術の開発をめざすという。さらに牛が人の世話を極力受けずに、自ら餌を確保しながら「幸せ」に生きていくという画期的なアイデアもあるという。はたしてそんなことが可能だろうか。これもあわせて訊いてみたかった。

「牛が祖先種であるオーロックスから家畜化されたのは、八〇〇〇年ほど前と考えられています。イノシシから豚が家畜化されたのも同じころです。しかし、家畜のなかには、文明によって絶滅させられた野生動物の遺伝子が脈々と生きつづけています。

数百万年にわたる野性は、その後の一万年程度の人工飼育によっては変更されるべくもなく、すべての家畜は環境に適応して存続することのできる野生動物としての能力をいまだ保持しつづけているのです」

そう言いながら取り出した資料のなかの一点の写真に、私の目は釘付けになった。下草の茂る森の中、牛が五、六頭ばかり群れている。森は深そうだが、光が射し込んで明るく、牛の毛がつやつや照り輝いている。私は福島に来るまで、牧場の牛舎や草原、田んぼにいる牛しか見たことがなかった。木々が生い茂るこんな森の中で、牛は生きていけるのか。なんだか絵本か、メルヘンの挿絵みたいで、実際に撮った写真とは思えない。

私は佐藤の話をじっくり聞いた。

「この写真は、秋田県鹿角市の国有林でかつて行われていた、牧柵を使わない放牧の風景です。ここでは農家から預かった日本短角種の雌牛三十数頭とその子牛、さらにそこへ一頭だけ雄牛を交ぜて、田植え前の五月上旬から稲刈り後の一〇月中旬まで放牧していました。放牧の間に子牛はすくすく育ち、雌牛は自然に妊娠します。

牛は血縁や出身農家ごとに五〜一五頭の群れをつくり、若い植林地に生える草や木、ツル草を食べ、杉やブナの林で休息していました。自然にまかせているにもかかわらず、母牛はおとなしく、子牛は健康的に体重を増やし、植林した杉に対する食害や野生動物に対する影響も認められませんでした。

この山にはもともとノウサギが多く、カモシカやクマ、キツネやタヌキも生息しています。この調査から、牛たちがこれらの野生動物と共存していけることがわかったのです」

佐藤らは一九九六年から現地調査を行い、二〇〇〇年以降はＧＰＳをつけて牛の位置を連続記録してきた。牛の行動から見て、山林は家畜を飼う場所として適しているのだろうか。

「牛が歩くことで、自然に牛道ができるので、人間も山に入りやすくなり、キノコや山菜を採りに行く人も通っていました。山野の野草は牛が食べてもまた自然に生えてきますし、牧草の種蒔きや施肥の必要もなく、無牧柵のため柵の費用も維持費もかかりません。これは必要経費が監視する牧夫ひとりの人件費だけという、きわめて低コストの家畜生産システムです」

除染が困難な山林で、今では廃れてしまったこのような昔ながらの飼育法を応用し、生物多様性や牛の土地利用能力を研究する。監視を自動化し、樹林地の下草だけでなく、日本在来のシバ型草地とススキ型草地をあわせて利用することによって、それは可能であると佐藤は考えている。

私には、この森の中に穏やかに佇む牛の姿が、未来の「安糸丸」兄弟のイメージのように思えてきた。小丸の牧場の背後に広がる森。あの森の中に「安糸丸」たちが入れば、佐藤が見せてくれた写真そっくりになるはずだ。そうだ、この写真の光景を小丸で再現できるのではないか。「安糸丸」兄弟もまた、野生動物の遺伝子を受け継ぎ、渡部に飼育されながらも野山を駆けまわり、たくましく生きている。

「与えられた餌ではなく、多様な食物を食べて、寝て、遊んで、恋をして、子を育てるために大いに働く必要のある生活こそ、動物にとって〝幸せ〟な生活ではないでしょうか」

佐藤は「アニマルウェルフェア（動物福祉）」の研究者として知られている。「動物福祉」という言葉は、日本人にはなじみがない。私も原発事故後の警戒区域に入るまで、頭の片隅にしかなかった。しかし、ほうぼうに動物の骨が転がっていたり、まだ温かさの残っているような牛の痩せこけた死体に遭遇するたびに、この言葉が余所事ではない意味を含んでいることに気づいたのだ。

牛に抱く農家の心情を考慮すれば、全頭殺処分指示ではなく、よりこまやかな対応があってしかるべきであったと佐藤は考える。「日本人にとって牛は感情的には家族の一員であり、西洋人の考える肉や乳を生産する単なる産業動物ではない」と。

佐藤は牛の行動を四六時中観察することで、牛が何を考えているのかを類推し、牛を飼う環境を整えたり、牛の行動そのものを制御することに役立てようとしている。牛のあらゆる行動を見てきたが、学生時代に一度遭遇した「雄牛の号泣」は今も心に引っかかっているそうだ。

それは真夏の昼下がり、人の背丈を越すススキの草原で起きた。三日間行方不明になっていた雌牛の死体に遭遇した雄牛が、かつて発したこともない大きな声で「モォー」と何度も何度も繰り返し、涙をぼろぼろと流したという。

以後、牛の感情や行動を客観的にとらえて、いかに牛の心に迫るかが、佐藤の研究テーマとなった。災禍を経て生き残った牛を殺してしまっては、それは不可能だ。

仙台から福島への帰途、私は車のハンドルを握りながら、大声で哭いたという牛の涙にとらわれていた。そして警戒区域に生きる牛たち、とりわけ放れ牛の生きる姿と最期を思い起こしながら、私も牛の心に迫ってみたいと、切に思った。

第七章 被曝の大地に生きる

家畜と野生の狭間で

オフサイトセンターの見えぬ脅威

研究者たちが立ち上げた「家畜と農地の管理研究会」に、「希望の牧場・ふくしま」は参加しなかった。活動内容が牛の飼養に関する具体性に欠け、いつまで続けられるのか、期間や予算が未定であることなども、吉沢正巳が「当面は不参加」を決めた理由であった。安楽死処分の方針をあくまで変えない農水省との関係も気になるところであった。

「希望の牧場・ふくしま」は二〇一二年一二月をもってエム牧場から独立し、非営利一般社団法人となった。これ以降、吉沢はエム牧場の社員ではなく、代表理事として三五〇頭の牛を生かしつづけていくことになる。エム牧場社長の村田淳も、理事としてかかわっていく。吉沢は、牛と命運を共にしようと腹を据えたのだろう。その覚悟のほどを問われるような危機が、たちまちやってきた。

私が「希望の牧場・ふくしま」を訪れた二〇一三年一月二二日、エム牧場名で浪江町に申請した牧場への立ち入り許可証の期限は前日ですでに切れ、新たに「希望の牧場・ふくしま」名で申請した分はまだ下りていなかった。それまで牧場にはほぼ毎日、立ち入り許可証のある専用車輛で、日持ちのしない野菜やリンゴなどの食物残渣が運ばれていた。許可証が発行されなければ、牛の口に入る食料が届かなくなってしまう。これでは牧場の下草が食べ尽くされてしまった冬のさなか、牛は餓死するしかない。

訪問の前夜、南相馬市に宿泊していた私は、更新されたばかりの「希望の牧場・ふくしま」の公式ブログを見て驚愕した。そこに事務局の針谷勉が、「立ち入り許可が認められるまでの間、牛たちの命を守ることを第一に考え、本日21日24時00分をもって」（原文ママ）、牛を囲い込んでいる電気牧柵のスイッチを切ることにした、と書いていたからだ。その時間が迫っている。

牧柵の電気を切るということは、飢えた牛たちがいずれ餌を求めて出ていくことを意味する。外に出れば、荒れ地と化した田畑には枯れた雑草がふんだんにあり、山には緑の木々も生えている。それで食いつないでいくことはできる。だが、無人の町を駆けまわって人家を荒らすことも予想され、そうなれば、近隣の住民との間でトラブルが起き、これまで二年間近く苦労して牛を柵の中で管理し飼養しつづけてきた努力がすべて水泡に帰してしまうではないか。

針谷は通信社の取材をきっかけにこの牧場の牛の世話をするようになり、今では吉沢の助手を務めるようになったジャーナリストのひとり。正義感が強く、眉間の深い皺が一途さを表している。彼が電気牧柵のスイッチを切る決断をしたことには理由があった。

公式ブログには代表理事・吉沢正巳と事務局長の連名で、町、県、関係省庁、政府へ送る予定の文書も掲載されていた。警戒区域への立ち入り許可申請に際しての浪江町役場とのこれまでのやりとり、オフサイトセンター（原子力災害現地対策本部）が加えてきた種々の制限が列挙され、次のように結ばれていた。

「福島第一原発爆発放射能漏れ事故から間もなく2年が経過しますが、国はいまも被ばく牛を殺処分することしか頭になく、警戒区域での牛の飼養管理を認めていません。自身の被ばくを顧みず、牛の保護・飼育を続ける農家やボランティアらは、被ばく地という絶望的状況下でも牛の生きる意味を模索し（放射能被ばくによる健康への影響調査など）、牛たちを必死に生かし続けています。

心ある皆さんにお願いいたします。もう一度、被ばく地の農家と生き残った牛たちに目を向けてください。

私たちは、オフサイトセンターに対し、速やかな、立ち入り許可証の発行を求めます。

以上」（原文ママ）

しかしながら、この文書は牛の飼養管理に関係する個々の役所に向けて発信されることなく、インターネット上に掲載されるにとどまった。吉沢が直前で待ったをかけたからである。

「浪江町役場を介してオフサイトセンターとぶつかり合っていても、埒が明かない。避難指示区域の行政を統括している本丸は、オフサイトセンターなんだから、そこへ乗り込んで直接交渉しよう。こちらの本気は〝脅しのようなこと〟では伝わらない。面と向かって話をしてこそだ」

針谷は脅しではなく、本気で電気牧柵のスイッチを切るつもりだった。吉沢も一時はそれを了承する方向で覚悟を決めていた。

けれども、ちょっと待て。この方法でいいのか？　血気にはやるばかりでは解決しない。肝心なのは、これから先の五年、一〇年を、ここで牛と一緒に生きていくためにはどうすればいいか、だ。

吉沢が立ち入り申請の窓口となっている浪江町の担当者に、二二日以降の立ち入りを許可できない理由を訊いたところ、「立ち入り許可証は立ち入り申請の審査を行っているオフサイトセンターの同意がなければ発行できない」「オフサイトセンターは『希望の牧場・ふくしま』が制限に同意しなければ許可証は出せないと言っている」などという答えが返ってきた。

吉沢はある政治家に連絡し、オフサイトセンターとの面談を計らってもらうことにした。オフサイトセンターとの交渉は、これまでの経緯を考えると一筋縄ではいかないことが予想される。警戒区域で牛を飼いつづけてきた吉沢らは、浪江町の背後に控えているオフサイトセンターの脅威をひしひしと感じてきた。たとえば一時期、立ち入り目的を「家畜脱走を防ぐ柵の設置のみとする」など、八項目にわたる同意書を浪江町に提出することを要求された。そのなかには、「マスコミ等の取材は一切同行させない」「作業内容や結果をインターネット等で公に広報する場合は、必ず浪江町の許可を得る」という項目も含まれていた。

これに対して、エム牧場の村田や吉沢らは、自分たちと話し合いをすることもなく一方的に加えてくる行政からの制限を撤回してもらうため、弁護士を通じて浪江町に公開要望書を出した。その結果、今後は八項目の同意書を求めないという町長名の回答を得た。警戒区域が設定されて一年経ったころのことで、オフサイトセンター側にはよけいな混乱を避けたいという意図があったのかもしれないが、隠蔽体質からくる過剰な反応の感は否めない。報道する側に立つ針谷が承服できないのは当然であり、まして彼らは餌を求めて鳴く牛の命と日々向き合っていたのだ。

牛の飼養や立ち入り許可申請をめぐるいざこざは、その後も役所との間で数多くあり、今回も浪江町に提出した「警戒区域への公益目的の一時立入りに関する申請書」は、赤字の修正指示入りで返却された。

それを見ると、「一時立入りをすることによる公益性（目的）」の内容として、「希望の牧場・ふくしま」が書いた「牛の飼養管理に附帯する業務（餌の搬入、餌やりなど）」に対しては、「要調整」と記されている。作業時間は、「約15時間」を消して「約5時間」に変更してある。往路・復路の検問所通過時間に関して、「牛の出産や病気・怪我をした牛がいる場合などの緊急時は左記時間以外の通過も認める」という部分は抹消されていた。赤字で指示された箇所は、おそらくオフサイトセンターでの折衝のポイントになるだろう。

牛は被曝の生き証人、語り部だ

一月二二日に「希望の牧場・ふくしま」を訪問した私は、震災直後に大熊町から福島市内に移ったオフサイトセンターへ同行することになった。この日は吉沢に警戒区域内の牛の埋却地を案内してもらうつもりだったが、とてもそんなことができる状況ではなかった。

吉沢と針谷が日課の餌運びと牛舎の清掃を終えてから、私も同乗して出発。飯舘村、川俣町経由で約二時間、福島市のオフサイトセンターに到着したときは午後四時近くになっていた。

原子力災害現地対策本部の二人と東北経済産業局の課長補佐がすぐに現れた。三人ともやけに愛想がよいのは気のせいか。「希望の牧場・ふくしま」側は吉沢と針谷、支援者として私も同席した。吉沢はにこやかだが、針谷の眉間に刻まれた皺が常にも増して深い。

冒頭で吉沢は、公益目的の一時立ち入りの申請者が、エム牧場から「希望の牧場・ふくしま」に変わったとたんに許可が出ないのでは困ると、これまでの経緯を話した。それに対して、オフサイトセンター側は、申請者が変わったことが問題ではなく、「牛の飼養管理に附帯する業務（餌の搬入、餌やりなど）」と記した内容や作業時間が問題であると主張してきた。

「従来、電気牧柵の点検修理や衛生管理、牛の死体の片づけなどと書かないと許可証が出なかったから、そう書かざるをえなかったのです。もちろん、そういう作業もやっていますが、メインは牛の飼養管理なんです。国の方針が警戒区域の牛たちは全頭殺処分なので、餌を与えることは牛を生かすということだから、これは国の方針に明確に反するわけですね」

　と言う吉沢と針谷、オフサイトセンター（以下、本部と略す）の三人のやりとりを次に記す。

　本部「もともと我々オフサイトセンターで扱う公益目的の一時立ち入りというのは、いわゆるインフラ整備などの方が入ることを前提に考えられていますので、牛については我々の仕事というより農水省さんがご存じです。農水省の施策でやる話ですから」

　吉沢「許可証を出すにあたって浪江町役場のほうは、どうも事前にオフサイトセンターと相談して、オフサイトセンターからの指導が相当入っているようですがね」

　本部「我々が農水省さんと相談したところ、農水省さんとしてはオフサイトセンターで決まっている公益目的の一時立ち入りのルールに従って入れてほしいということなんですよ。公益ルールではそちらの実態と合わないことになると思うので、本来ならば農水省さんの施策で入り方を別に考えるべきではないかと、何度もこちらから農水省さんには打診したのですが……。農水省さんとしては、いや公益のほうで処理してほしいと。ですが、公益で立ち入るとなると、いろいろ制限があります。

昨日、浪江町さんからいただいた申請書のファクスを我々もちょっと検討しました。我々としては立ち入りを拒んでいるということではなくて、公益のルールで入っていただくなら、公益のルールの範囲で申請書の中身を、ちゃんと我々のほうで読めるものにしていただかないと、町が許可してうちが同意というかたちはとりにくいのです。

内容に関しては、餌の搬入、餌やりなどというのは公益ルールで認めていないので、ちょっとそこは……。この飼養管理ということに対しては、浪江町と調整しているところです。どういう書き方がよいのかを、ちょっと検討してもらっています」

針谷「町はなんでもいいと言っているのですが。オフサイトセンターがだめだと言っているだけで」

本部「これは浪江の町長が発行する許可証ですから、我々はあくまでもそれに同意するというかたちで……」

針谷「町は我々が最初に書いた『牛の飼養管理に附帯する一切の業務』という内容のままでいいよと言ったのです。それに対してオフサイトセンターがだめだと言ってるんじゃないですか。僕はそういうふうに受けとったのですが」

本部「じゃ、そこは確認させてください」

針谷は「じゃ、いま確認しましょう」と言って、その場で町役場の担当者に電話をかけた。

吉沢「一種の上下関係があるので、役場はあなたがたオフサイトセンターの言うことを聞くしかないんですよ。オフサイトセンターがだめだと言うことについて、役場はうんとは言えないんだから」

吉沢が町役場の置かれた難しい立場を説明しているうちに、あいにく針谷の電話の相手は留守であることがわかった。針谷は、大至急電話がほしいとメッセージを残した。

本部「そこは確認ということにして。次に、経路のところを。往路検問所通過時間が五時、復路検問所通過時間が二〇時で、作業時間は一五時間となっています。健康管理、線量管理上、作業員を五時間で出していただくということであれば……」

吉沢「私たちは被曝については自己責任と思っていますし、牛が三五〇頭もいるわけですよ。とても五時間ではすまない。管理だけでも一二時間もらわないと。五時間ではなくて一二時間というふうにしてほしいですね」

本部「たしか、前の許可証は五時間で出されていたかと……。そうですね、五時間となっています」

針谷「うそを書けばいいのですか？　うそを書くことを私たちに強要しているみたいですね」

本部「うそじゃなく、五時間で出てほしい。五時間で出てほしいのです」

このとき、針谷の電話が鳴った。浪江町の担当者からだった。針谷は、その場にいる人間に聞こえるような大きな声で応答した。

「町としてはそれで問題ないんだけれども、オフサイトセンターが『附帯する一切の業務』から『一切の』という三文字をまず除くこと、それに続いてかっこ書きで具体的な活動事項を書くこと、というふうに言っているんですね？　わかりました」

と言って針谷が電話を切ると、オフサイトセンター側の三人の間に気まずい空気が漂った。

針谷「町としては『牛の飼養管理に附帯する一切の業務』で問題ないと言っています。それに対してオフサイトセンターから『一切の』を除き、かっこ書きで具体的な活動事項を書きなさいというふうに指示があったそうですが。それに従って我々が書き直した申請書がこれですよ」

本部「これは、あれですね……。ここの書き方についてはですね、農水省ともちょっと相談をしてみます」

針谷「農水省と何を相談するのですか。よくわからないのですが」
本部「農水省として、牛の飼養管理ということでいいのであれば」
針谷「牛を生かすという通常の飼養管理は、政策に反する内容だから相談調整が必要だということですか」
本部「というか、これまでの書きぶりと変わっていますので。今までのままじゃだめなのか、ということなんですが。何か実態に合わないことでも……」
針谷「今までの書き方では、作業の実態に合わないんですよね」
吉沢「立ち入り申請者がエム牧場から我々に変わったこの機会に、できるかぎり手を尽くして牛を管理している現状を、うそ偽りなく記しておいたほうがいいと思ったのです」
本部「餌の搬入、餌やり。ほかに全部書くとすれば、どれぐらいになるでしょうか」
針谷「餌の搬入、餌やり、掃除、薪（まき）割り」
本部「薪割り？　ですか。なんのために？」
針谷「人が温まるために」
本部「それも入るんですか⁉」
吉沢「寒いんでね」

針谷「雪かき、水道修理、食料の買い出し……」
本部「食料の買い出しというのは、車で持ってきているんですよね、中で買い出しをするわけじゃないですよね。警戒区域の牧場内でやることを書いてほしいのですが」
吉沢「調理して、食べなきゃね。うちの牧場は電気牧柵の復旧の際に、住宅の電気も使えるようになったんですよ。冷蔵庫、テレビ、風呂、何もかもね。それで、僕はね、住んでいます。これは法に触れるかもしれないけれど、牧場の中に一年以上住んでいます」

一瞬、部屋の空気が凍りついたようだった。オフサイトセンター側のひとりは手をぶるぶる震わせ、二人は引きつった顔を見合わせた。吉沢はなおも話しつづけた。

「うん、中に住んで食事も作っています。そうして牛の世話をしないと、十分な餌を与えられなくて、やがて牛は脱走して近所に出歩き、迷惑をかけることになる。牛たちを生かすと言った以上、僕は自己責任として被曝は覚悟しています。それをどうのこうの言うつもりはありません。牛飼いとして、牛のことには責任をもつだけです。

僕は、原発事故による警戒区域とはなんなのか、そこを取り仕切っているオフサイトセンターとは何かということを問おうと思っている。

浪江町の人たちは町を追い出されて帰れない。汚染の地図を見れば浪江町はどんな状態かということは、皆さんもわかっているはずだ。事故が起きたとき、浪江町には、国からも、東電からも、オフサイトセンターからも、事故に対してなんの連絡、伝達もなく、住民は津島に三日間避難して、そこで放射能をかぶってしまった。

オフサイトセンターの責任は大きい。大熊町のオフサイトセンターは、本来なら原発の事故対応の最前線で対策を講じるべきなのに、果たすべき役割を果たさず、さっさと自分たちが逃げてしまった。最後まで頑張ってみんなを避難誘導しようとしなかったし、浪江町の避難している人のところには、連絡もよこさなかった。僕は一生問うよ。あんたたちは逃げた、腰抜け役所ですよ。それが今さら何を制限するというのか！

僕は牛飼いとして、今もなお三五〇頭の牛を生かしつづけている。残りの人生を懸けて、この牛と運命を共にしながら、つぶされた浪江町の無念、原発事故の悲惨さを伝えたいと思う。原発もない町が、なんでこんな汚染被害をこうむっちまうのか。

日本が原発再稼働に向けていよいよ動きだそうとしているときに、僕は言いたい。くやしい気持ちをかかえたまま帰れない人がいっぱいいる浪江町の二の舞を演じることになるよと。時限爆弾のスイッチが入るんだよと。

牛たちは生きた証人ですよ。再稼働に抗議をする生きたシンボルですよ！」

三人はうつむいて聞いていたが、ひとりが顔を上げて、震える声で、

「わかりました……。当面、これをどうするか……。なんとかしないといけないと思うのですが」

と、目の前の申請書類を指さした。再び、吉沢とオフサイトセンターとのやりとりが始まった。オフサイトセンターは、公益立ち入りのルールを説明し、五時間以外では受け取れないと繰り返した。とうとう吉沢が折れた。

「しかたないべ。実態にそぐわなくても直せないと言うんだったら、五時間で申請するしかない」

「それならば、うちのほうで農水省さんと調整し、連絡させていただいてよろしいですか」

三人はやれやれ一段落したかという表情で、前屈（まえかが）みだった上半身を椅子の背にあずけて胸を反らした。

針谷も「それしかだめなんだったら……。ぶっちゃけて言うと、飼養管理に附帯する業務を農水省が認めていないということですね」と、しぶしぶうなずいた。

約一時間二〇分滞在したオフサイトセンターを出て、私たちは帰途に就いた。ほどなく浪江町役場の担当者から、立ち入り許可が下りたという電話があった。とにかく、三五〇頭の牛の命は存続できるのだ。

牧場に帰り着いたのは午後七時四〇分。暗闇の奥に生きものが犇く気配がした。暗中に目を凝らすと、かすかな雪明かりのなか、牛たちが乾草の山に頭を突っ込んでもぐもぐやっている。自分たちの命が危機に瀕していたことなど知るよしもなく、凍てつく大地に立って静かに口を動かしていた。

その二ヵ月余りあと、四月になって浪江町の避難指示区域再編があり、「希望の牧場・ふくしま」は警戒区域から居住制限区域へと変わった。住むことはできなくても、立ち入りは可能だ。

浪江町は新たに帰還困難区域、居住制限区域、避難指示解除準備区域に三区分された。「希望の牧場・ふくしま」の西側と南側に広がる広大な山林と田畑は帰還困難区域となり、立ち入り不可で除染の見通しも全くついていない。

吉沢はこれからも、縦割り行政の国や東電と闘っていくだろう。その矛先は、電力を大量に消費しながら、原発事故のことなど忘れたがっている社会にも向けられている。アベノミクスとかいう株価や金融の景気のいい話に浮かれて、米も野菜も作れない、作れたとしても売れない被災地のことなど、その責任がどこにあるかなど考えようともしない社会に。

「おれは最後まで牛飼いとして生きていきたい。経済的価値は消えちまったけど、牛を見棄てたり、見殺しにしたりはしない。放射能汚染された餌が混じっていても、牛たちはそれを毎日おいしそうに、うれしそうな顔をして食ってくれるわけよ。

牛も被曝したし、おれも被曝した。しかし、牛飼いの心は折れていない。第一原発の排気筒が見えるこの牧場は、被曝のメモリアルポイント、歴史遺産のような場所ですよ。ここで牛を飼いながら、自分が体験したこと、浪江町で実際に起きたことを、生の声で伝えていくことが、おれの残り二〇年の人生だと思っている」

吉沢は国の殺処分に抗して牛が生きる意味、牛を生かす理由をはっきりと見いだした。それは自らが牛と共に被曝の生き証人となること、語り部となることだ。

被曝地で「役牛」として生きる

福島市のオフサイトセンターへ行った翌月、二月の風の強い日、私は双子の牛の飼い主、渡部典一の車に同乗して浪江町小丸の牧場へ向かっていた。

途中、浪江の市街地に近い原田良一の牧場に立ち寄ったときには吹雪になった。牛たちはソーラー電池で汲み上げられた井戸の水を飲み、乾草の山を取り崩してムシャムシャ食べていた。

目の前には、前年の春から秋にかけて牛たちが草を食べ歩いた田が広がり、うっすらと積もった雪の下から黒々とした土を覗かせている。田の中に足を踏み入れると、ザクザクと音を立てて崩れる霜柱の下から、小さな草の芽が生え出ようとしているのがわかる。他方、ソーラーの電気牧柵の外は、枯れたセイタカアワダチソウが背丈を競う雑草の海原だ。すぐにでも米作りにとりかかれそうな〝田んぼ田んぼした〟状態の大地と見比べてみると、牛の口と胃、四肢の力の偉大なること、言を俟たない。

原田の牧場の辺りは放射線量が低く、震災二年を経て四月からは避難指示解除準備区域となる。原田は、また春から牛たちに頑張って草を食べてもらい、できるだけ早くこの地で農業を復興させるつもりだ。

「除染やライフラインの復旧には、最低でも四年はかかるといわれています。町内で誰も何もしないままでいたら、たぶん農業なんて無理と、帰ってくる人はいなくなるでしょう。誰かしらが何かをやっていれば、後に続く人が出てくるはずです」

次に、「浪江町和牛改良友の会」の会長、山本幸男の牧場に寄った。自宅と牧場は福島第一原発の北西約一〇・七キロ、浪江町末森にある。山本は町会議員だったときに全国各地の限界集落を見てまわった経験から、「家畜と農地の管理研究会」の活動に賛同した理由を私に語った。

若い後継者が村や町を出て、農地も山林も荒れ放題。地方に行けば、どこでも限界集落化が進んでいる。でも、牛は農地だけでなく、山まできれいにしてくれる。去年、裏山に牛を入れたら、草だけ食べて、木はちゃんと生長している。福島の農作物は今は風評被害で売り物にならないが、木は五〇年、一〇〇年単位だから、牛に下草を食べてもらっていれば、一〇〇年後に期待がもてる。牛の果たす役割は素晴らしく、こうして牛が集落を守ってくれるとわかれば、どこでも真似(まね)してもらえるのではないか。そんな見本を作るつもりで踏んばっている。

ただ、牛の個体管理については譲れないところも出てくるだろうと、山本は牛飼い農家の思いを述べた。

「研究会の先生方のお世話になるときには、よそ様の牛と自分の牛と、その所属をはっきりさせないといけない。なかには安楽死させられるはずの牛が逃げてきて、うちの柵の中に入っているのもいる。もしこれはよそ様のだと言えば、その牛は殺されるんですよ。

だけど、私たちにとっては、よそ様の子どももうちの子どもも、入ってくれば牛は兄弟なのよ。出ていけば殺されるの、わかっていて出せますかって。私はやっぱり自分の子として育てますよ。あれはよそ者だからというのではなく、自分の牛舎に居着いていたら、自分の牛なんですよ。自分の牛として扱って、これからも大事に育てていこうと思っています。その気持ちがなかったら、今まで生かしておく必要なんてないですよ。

補償でもらったお金は全部、発電機や牧柵など、牛を生かすために使ったけど、頑張っていれば必ず神様はわかってくださると思うんです。こういう世の中で神も仏もねえって言うけんども、私はやっぱりあると思うんですよ」

私たちが訪れたとき、数日間行方不明になっていた一頭の雌牛が戻ってきて、牛舎の奥にうずくまるように座っていた。その年老いた雌牛は、母牛を亡くした子に自分の乳を吸わせてやっているという。

「なんとも面倒見のいい牛で、子を遺してお産で死んじまった親牛に代わって、自分のおっぱいを飲ませてんだ。一三歳かな、おばあさんで、乳は出ないんだけども。前にも、よそから来た牛が子を産んで亡くなったときも、その子の面倒を見てたんだ。

小さな子どもが電牧（電気牧柵）の下をくぐって外に出ると、そこで帰るまでじいっと待っている。夕方まで待っても帰ってこなかったら、自分で電牧を破ってでも子牛を連れ戻しに行く。本当にすごい。牛ながら、えれぇやつだよ。今日は寒さもあるし、衰弱しているようなので、普通よりうまい餌をやったんだぁ」

山本の牧場を辞し、小丸へ向かう。途中、一台の車にも出合わず、人の影も形もない。青空が広がる小丸の牧場に着くと、ひとり黙々と立ち働いている人の姿があった。エム牧場の村田淳だった。「家畜と農地の管理研究会」のプロジェクトで、牛を個体識別して管理するのに必要な追い込み柵を設置するために来たのだという。「エム牧場の仕事は若い者に任せて年寄りは被曝の危険性のある警戒区域の牛を守る」と言っていた村田は、社長を後継に譲って会長となり、吉沢正巳の研究会への不参加にもかかわらず、協力することにしたのだ。

渡部たちも作業に加わって、単管パイプの追い込み柵はみるみる組み立てられていった。その様子を牛たちが遠くから眺めていた。雪融けのぬかるみに足を取られるが、広い牧場で暮らす牛たちの黒毛は汚れていない。青空は地平の彼方から季節はずれの白い綿雲を湧かせている。風は冷たく、線量計は相変わらず毎時二五〜三〇マイクロシーベルトという高い数値を示す。

山の牧場を下って高瀬川沿いの放牧地へ行くと、そこにも牛が群れていた。あの双子の兄弟の一頭、ひときわ大きくがっちりした体躯の「安糸丸」が駆けてきた。緩いカーブの見事な角がすっくと伸びて、頭の左右に張り出している。根元が白く、先にいくにしたがって黒い。渡部は牛たちを見回してから、道路脇に置いてあったショベルカーに乗り移った。並べてある大きなロールサイレージの餌のひとつを運び、道路の上から一段低くなっている放牧地へ転がし入れた。二〇頭ほどの牛たちが集まってきた。

さらに車で移動し、もう一ヵ所の放牧地へ向かう。そこには弟の「安糸丸二号」がいた。山を背にして田んぼの畦の少し高くなったところに立ち、睥睨(へいげい)するようにこちらへ目を向けている。兄と同じく立派な角が、左右にほぼ水平に伸びている。両脇に、曲がった角の生えたやや小型の牛が「安糸丸二号」につき従うかのように立っていた。夕陽を受けて、牛たちの影が長い。「安糸丸二号」は全身黒く艶やかで、両耳に付けられた黄色い耳標がイヤリングのように輝いている。

二〇一〇年七月一七日生まれの双子の兄弟は、通常なら二歳七ヵ月ともなれば、肉牛として一生を全うしているころだ。しかし、二頭は屠畜場へ向かうかわりに、放射性物質に汚染された大地を踏みしめて生きつづけている。

原田の牧場の牛と同じように、「安糸丸」兄弟とその仲間の牛たちは、今年も冬を迎えるまでは田んぼの草を食べて生きていくだろう。帰還困難区域であっても、牛がいれば田畑は農地としての質を保つことができるにちがいない。

すでに渡部は二〇一二年に一年間かけて行った飼養管理の試みを通じて、被曝地で牛が生きていく意味、牛を生かしつづける理由を見つけつつあった。

それはまず、農地の荒れ地化を防ぐ除草と保全である。被曝地に生きる牛は、肉用牛としての資格を失ったが、役牛に近い存在になった。かつての役牛は農耕や運搬を担ったが、渡部の牛たちは除草の役目を担う。さらに、農地保全は防犯・防災の面でも意味があり、害虫の発生を防ぎ生態系を乱さないという役目も期待できるのではないか。

牛たちの視線を浴びながら牧柵を設置してまわったこと、冬場の餌やりに通ったことは無駄ではなかった。が、渡部のなかで、それはまだ期待の部分が大きく、確信するまでには至っていなかった。町中の原田の牧場では好結果を得たが、山間部の小丸の広い土地でこの春から秋にかけて、多数の牛の実力を証明する必要があった。

「家畜と農地の管理研究会」のプロジェクトでは、これらに加えて里山の荒廃や原生林化を防ぐ、自然林保全の意味が付加されることになった。小丸地区一帯は除染が困難な高線量区として、家畜の無人管理システムを構築し、牛による除染や家畜の野生化をテーマとする研究ゾーンと想定されている。

そうなれば「安糸丸」兄弟は、小丸の野を駆け森を歩き、牧草のほかにシバ草やススキ、ツル草などを食べながら、〝草食獣の王〟として誇らかに生きていくだろうか。大きな牛が移動すれば自然と牛道ができ、人や小動物も通るようになる。

あるいは、兄弟はどこか低線量区に移されて、農地保全や除染の役割を果たしながら、ゆっくり老いていくのだろうか。それとも、清浄な餌を与えられて、被曝の生体に与える影響などを調べる役目を負うのだろうか。兄弟の将来は、まだ決まっていない。

牛の「タテゴ」を切る

私たちは「安糸丸」らに別れを告げ、次に小丸にほど近い井手(いで)地区にある牧場へ向かった。

そこには、いったん安楽死に同意したものの、それを撤回した農家の牛四〇頭ほどが生き延びていた。そのなかの四頭は、細い綱が顔の肉にまで、ぎりぎりと食い込んでいる痛々しい様子だった。小さいときに扱いやすいように付けられた「タテゴ」と呼ばれる口の周りから頭に回す綱が、成長しても緩められないままだったのだ。肉にめりこんだまま放っておけば、化膿(かのう)して骨を侵し、口も開けられなくなり、やがて衰弱死してしまう。タテゴの絡みついた顔面から発する強烈な臭気が、嗅覚にすぐれた牛には耐えがたいということも聞いた。

私もタテゴの付いた放れ牛が一頭、冬日さす野山をとぼとぼと歩き、じっとこちらを窺っているのを見たことがある。群れを外れて単独で行動している牛には、それぞれわけがある。仲間が次々に殺処分されたあとに残った者や、怪我をして他の牛についていけなかった者もいるだろう。

この日、タテゴを切るために、渡部のほかに五人が集まった。餌の提供を通して渡部ら「浪江町和牛改良友の会」と交流がある畜産農家の石川晶(あきら)、ほかに、会長・山本幸男の妻、農家を支援するボランティアの男女二人、そして私。

この石川もまた原発事故後、牧草地の汚染と除染に一喜一憂しながら牛を飼っているひとりだ。石川の牧場は避難指示区域外にあって、土壌汚染は軽度であったが、牧草の種を蒔くには天地返しが必要だった。小丸の渡部の牧場がかつては桑畑であったように、石川の牧草地にも昔は桑が茂っていた。前に私が石川の牧場を訪ねたとき、その周辺にはきれいに剪定（せんてい）された桑畑が点在する、今では珍しい光景が広がっていた。まだ養蚕を続けている農家がかろうじて残っているのだ。福島の大地に広がっていた桑畑は次々に姿を消し、養蚕は畜産に取って代わられたが、その畜産の基盤となる牧場や牧草地の土も今や、目に見えぬ放射能によって危機にさらされている。蚕飼（こが）いと同じく牛飼いも、衰退の道をたどることになるのか。

　この牧場では、いったん安楽死処分に同意した際、追い込み柵を用意したが、撤回後、あまりの高線量ゆえにそのまま放置していた。この日、線量計は立っている私の目の高さで毎時四〇マイクロシーベルトを示した。左手に線量計を持って、右手で写真を撮ろうとしていると、ボランティアのひとりが「僕が持ちましょう」と言ってくれた。「こんな高い数値は、めったに経験できませんからね」。牛はこの地に、二年近くも住んでいるのだ。

　タテゴが食い込んでいる四頭は、他の牛よりも痩せており、衰弱ぶりが目立つ。近づいてみると、紫色のタテゴが血で茶色く変色している。

　私たちは渡部の指示で、牛の群れと追い込み柵を遠く囲むかたちで散らばった。牛たちは何かを察して、群れを成して左右に走りまわる。人と人の間から牛が逃げ出さないように注意しながら、遠巻きにゆっくり内側へ、柵の近くへと追い込んでいく。じりじりと牛ににじり寄っていく感じだ。距離を見計らって渡部ひとりが牛にずんずん近づき、追い込み柵の入り口へと誘導していく。

タテゴが絡んだ四頭を含め、二〇頭ほどの牛が柵の中に入った。すかさず、入り口を閉める。柵の中には、さらに牛一頭がやっと通れるくらいの狭い通路が単管パイプでしつらえてある。石川が柵の中に入り、問題の牛だけを狭い通路へ誘導する。その先の行き止まりには、配合飼料が置いてある。殺気立った一頭が餌を目がけて突き進んだ。体がパイプに当たり、ガンガン響く。牛の目の下から頰、顎にかけて紫色の綱が隠れて見えないほど食い込み、ひどく化膿している。肉の腐った異臭が漂う。

牛は涙を流していた。水滴が頰を垂れ、頭を振り乱すたびに飛び散る。角が折れるのではないかと思うほど強く、頭からパイプにガンガンぶち当たっていく。グゥモーッと叫んで餌にありついたとき、柵の外に待機していた渡部がタテゴをぐいとつかみ、ナイフを当てた。綱が切れると同時に、牛が吼えるようにひと声鳴いた。ウォーン！　血と膿と腐敗臭にまみれたタテゴが地に落ちた。牛は餌をがつがつ舐め取ると、後ずさりして通路を出ていった。

続いて、もう一頭の牛が通路へ追い込まれた。この牛のタテゴは切られても、裂けた顔面にまだ埋もれたままだった。渡部が肉にへばりついた切れ端をつかんで外してやると、血が滴った。グウォーン、グウォーン！　牛は激しく鳴き、餌を食うのも忘れて、何度もパイプにぶつかりながら出ていった。

次の一頭はめっきり痩せて、あばら骨が目立つ。柵を角で突き、後ろ足で蹴り上げ、力を振り絞って抵抗する。ムォーッ！　ムォーッ！　全身をわなわなと震わせて。だが、恐怖は一時のことだ。涙を噴き上げている牛の首を左右から渡部と石川が押さえ込み、がっとタテゴをつかんだ。渡部が牛の頬とタテゴの間にナイフを差し込み、手前にぐっと引いた。が、渦を巻くように頭を揺り動かして抵抗するために切ることができない。牛の目玉が今にも飛び出しそうだ。渡部の右腕がノコギリをひくような動きを見せたかと思うと、さーっとナイフが振り上げられ、タテゴが飛び散った。

四頭のタテゴが無事に切り落とされた。

ウォーン！　ウォーン！　寒風吹きすさぶ牧場に響きわたった牛の咆哮（ほうこう）は、苦悶（くもん）のためではなく、歓喜の叫びだ。

傷は癒えるだろう。暖かくなって草が茂るころには、思いっきり青草を噛み、心ゆくまで反芻できるだろう。

縛（いまし）めを解かれ、自由になった牛の前途に幸多からんことを祈って、私たちは牧場を後にした。

牛たちは何事もなかったように、夕闇のなかにひっそりと佇んでいた。

呼び覚まされた野性

柵に囲まれた牧場の外では、震災後二年が経っても、牛の捕獲と安楽死処分が続いていた。

山本幸男は安楽死処分の現場にも足を運び、その酸鼻な場面をビデオ撮影していた。こんなことがあってよいのかという憤りと無念さを感じながら、牛飼いとして今は何もできず、ただ記録しておくことしか思いつかなかったという。山本の仮設住宅でこの映像を目にした海外のメディアから、これは貴重だから一部だけでも放映させてほしいと言われたが、山本は「ここで見る分にはいいけど、外国で映されたりしたら日本の恥になるから」と同意しなかった。

「柵を作って次々に牛を追い込んで殺し、ダンプカーにどんどん詰め込んでいった。その直前まで子どもらが母親のおっぱいを吸っててんですよ。安楽死なんて聞こえはいいけど、無理やり殺していった大変な事態です。だから、よその国の人たちには見せたくない」

山本は安楽死処分に同意しない道を選んだが、その道をたどった牛飼いはもう少数になっていた。商品価値がなくなったという経済的な面を別にしても、遠方の避難先や仮設住宅から通って牛を継続飼育することは生易しいことではなかった。飼い主が手をかけてやらないと、家畜の従順さは失われ、人に馴れなくなってくる。暴れた牛に蹴られるという事故も起きていた。頻繁に小丸の牧場に通って牛と顔を合わせている渡部典一でさえ、どうやっても御しきれないほど暴れまわる牛が出てくる。そうなれば、定期的な血液採取や測定器のバッテリー交換に応じなければならない調査研究には参加させられなくなる。

佐藤衆介が語ったように、家畜としての牛の中には野生動物の遺伝子が生きつづけており、現在も野生の能力を保持しているのだ。長距離ランナーとして、牛は馬にも並ぶ走力を備えており、その巨体の中には獰猛（どうもう）な肉食獣に捕殺されずに大地の覇者でありつづけた先祖の血が流れている。

実際に私が見た放れ牛は、野山を疾駆していたし、喜々として青草を食んでいた。人のいない警戒区域の中で、彼らの野性は日を追うごとに強くなるように感じられた。

しかし、堂々とした姿で悠然と歩む放れ牛たちは野性を謳歌（おうか）しているように見えても、それは危険と背中合わせだった。事故に遭ったり怪我をしたり、飢餓や病に陥る危険性は、牧柵の中とは比べものにならない。まして放れ牛には、環境に適応して生きつづけられるほど野生の力を取り戻す時間的余裕は与えられていなかった。安楽死処分が迫っていたからだ。

震災から二年目の冬も過ぎようとしているころ、福島第一原発から一〇キロほど離れた捕獲柵の中に、二頭の牛が囚(とら)われていた。そのうちの一頭は雄牛で、耳標はなく、去勢もされていなかった。震災後に生まれたか、震災前に生まれたが登録される前に飼い主が避難したか、すでに押しも押されもせぬ成牛の姿だ。耳標のあるほうは雌牛で、一年前に所有者が安楽死処分に同意していたものの、ずっと行方不明になっていた牛であることがわかる。

車の停まる音がして、青い防護服を身につけた四人の男が降りてきた。もうこのころには安楽死作業に携わる人たちも、牛が避ける「白い服」を着ることは少なくなっていた。

四人がずかずかと捕獲柵に近づいていくと、二頭はさっと奥へ駆けていった。柵の中には牛一頭がやっと通れる幅の追い込み柵が設けられていて、ここに牛が入ってくれれば、首に綱を回して保定することができる。

牛を追い込むためには、柵の中に入らなければならない。ひとりが入り口の扉を開けるやいなや、離れていた雄牛が猛然と突進してきた。ガーンと頭と角が柵に激突する音がした。見れば柵の柱が少し傾いてしまっている。あまりの勢いに牛ももんどり打って倒れたが、すぐに跳ね起きた。

雄牛はたちまち方向を転じ、今度は柵の外側で見守っていた三人に向かっていった。張り出した角と単管パイプがぶつかり、キーンという鋭い音を発した。牛は角をガンガン突き当てながら、頭を柵の隙間から突き出し、首を上下左右に激しく振って、長い角で外の人間を突き上げようとする。角の付け根から血が滲(にじ)み落ちた。

「こりゃ、無理だ。やっぱり飛び道具を使うしかない」

「ここの柵を高くしておいたのは正解だったな。あいつなら、普通の柵じゃ跳び越えてしまう」

「危ない、危ない。明日、もういっぺん出直しましょう」

人間がその場を離れてもなお、牛は入り口周辺の柵に角で突撃を二度三度と食らわせ、グウォーン、グウォーンと咆哮を繰り返した。

角こそは、牛の先祖が肉食獣を威嚇し殺傷してきた武器であった。敵対する相手を攻撃し身を守るための武器だったが、柵外の人間相手に格闘する武器にはなりえなかった。恐怖と怒りの果てに、家畜は野獣となった。

四人の男たちがそそくさと帰っていった午後、被曝の大地に春一番が吹いた。

去勢されていないこの雄牛には、野生の血が強く脈打っている。この牛は生まれたときから人間とは無縁の日々を送ってきたにちがいない。冷凍精液の人工授精で生まれた牛かもしれないが、家畜として育てられることなく、野生動物のように自ら餌とねぐらを求めて歩いてきたのだろう。牧柵の中では味わうことのできない、先祖と同じような自由な生き方もありえたかもしれない。だが、待っていたのは安楽死処分だったとは！

警戒区域では、すでに自然交配によって多数の子牛が誕生し、捕獲柵の中のこの雄牛よりも若い子牛が、野生化した親牛について歩いていた。しかし、そんな姿を目にすることもしだいに少なくなってきていた。捕獲・安楽死処分が進んだ結果である。

この日、春めく陽射しを浴びて、捕獲柵の中で互いに鼻を擦り合わせていた雄牛が雌牛の背後に回り、その尻と腹を前足で抱きかかえながら乗駕（じょうが）した。

光輝を放つ野性のペニスが雌牛をひと突き、ふた突き――雌牛が沈みゆく太陽を振り仰いで鳴き、雄牛は呻いて地に頭（こうべ）を垂れた。若枝のようにつやつやと真っ直（ます）ぐ伸びたピンク色の細長い先端から、冷凍されざる熱い精液がほとばしり、ぽたぽたと地面に落ちた。その命の滴りを大地が受けた。

生の一瞬の絶頂のあとに、長い夜がやってきた。捕獲柵の中の二頭の吐く息は白く、体からは湯気が立っていた。

柵の中には餌と水が置かれていた。ここなら青草の乏しい冬でも、わざわざ餌を探しまわる必要はない。雄牛は乾草を食べ、雌牛は食べ慣れた配合飼料を舐めた。だが、彼らが最後の夜に望んだのは、どこまでも駆けてゆける自由な大地ではなかったか。さまざまな野生動物に交じって生きてきた彼らは、ひと晩中、柵の外から自分たちを見つめる動物たちの目を感じていたかもしれない。

朝になると、心地よい早春の陽が二頭をつつみこんでいた。浅いまどろみを破ったのは、またしても車の音だった。安楽死処分が任務である人間の動きは機敏だ。四、五人が柵に近づくと、すぐに二、三メートルの距離から二頭を狙って吹き矢が飛んできた。

矢は雌牛の首と尻に突き刺さった。雄牛の背は矢を跳ね返したが、一本が腹に命中した。二頭は矢がなんであるかを知らないまま、飛んできた方向と反対側に逃げた。

二頭は立ったまま人間たちを注視していたが、やがて雌の首ががくっと垂れ、雄に寄りかかるように横ざまに倒れた。雌が立ち上がろうともがいているところへ、また矢が飛んできた。が、二頭のいるところまでは届かず、地に落ちた。

すかさず、ひとりが吹き矢を麻酔銃に持ちかえた。たちまち一発が雄牛の肩を直撃した。続いて、雄牛をじっと見上げている足元の雌牛の腹にも命中した。

その瞬間、雄牛は身を翻し、銃を構える人間を目がけてまっしぐらに突進していった。至近距離からの針が首に突き刺さると同時に、角が柵の管に衝突する鋭い金属音が炸裂（さくれつ）した。角の一本が根元に近い部分で折れて吹っ飛び、鮮血を噴き上げた。

安楽死作業を進める者たちは冷静に、もう一発を雄牛の腰に見舞ってから、到着したクレーン車を迎えに行った。

雌牛のウォーンという低い悲鳴が聞こえると、雄牛はよろけながらも、雌牛の倒れているところへ戻っていった。雌牛は長いまつげの生えそろったまぶたを閉じたかと思うと、また開いて雄牛を見上げている。雄牛の目から涙があふれ落ちた。

動かなくなった雌牛のまぶたや鼻や首を舐めてやりながら、雄牛は立っていた。鎮静剤が効いてきたのか、一歩でも動けば倒れてしまいそうに見える。雄牛は遠くから見つめる人間たちの冷ややかなまなざしを感じながら立ち尽くす。心に怒りと悲しみを覚えながら。

捕獲柵の中は、踏みしだかれた枯れ草の下から、青草を芽生えさせる春の土の匂いが漂っている。いつのまにか、二頭は鼻も口も目も腹も、血と土にまみれ、寄り添うように大地に倒れ伏していた。

第八章 帰還困難区域の牛たち

牛が守るふるさと

帰還困難区域とは何か

小丸の牧場一帯は二〇一三年四月一日、避難指示区域の再編により警戒区域から帰還困難区域に変わった。全町民が避難した浪江町は、この他に海沿いの請戸の辺りが避難指示解除準備区域、常磐線から西側の一部が居住制限区域となったが、面積の約八〇%は依然として帰還困難区域である。

従来の警戒区域と計画的避難区域を対象とする避難指示区域の再編は、二〇一二年四月一日の田村市と川内村を皮切りに順次進行し、二〇一三年八月八日の川俣町をもって終了した。立ち入りできる区域を増やしてインフラ復旧や除染を加速させ、住民の早期帰還を促す目的で進められた再編は、一方では長期にわたって帰れない、人が住めない地域が広範囲に存在することを示す結果となった。

帰還困難区域とは――。すでに二〇一一年一二月二六日に原子力災害対策本部が、帰還困難区域について「基本的考え方」を出している。

居住制限区域の一部の地域においては、放射性物質による汚染レベルが極めて高く、避難指示の解除までに要する期間が長期にならざるを得ない地域が存在する。こうした地域では除染の効果が限定的であり、また周辺線量の高さから作業員の被ばく防護の必要性が高く、インフラ復旧についても広範かつ大規模な作業が困難である可能性が高い。

さらに、立ち入った際の被ばく管理及び放射性物質の汚染拡散防止の観点から、その境界において一定の物理的防護措置を講じざるを得ず、住民の立入りを厳しく制約せざるを得ない可能性が高い。（一部抜粋）

帰還困難区域は数値上、「長期間、具体的には五年間を経過してもなお、年間積算線量が二〇ミリシーベルトを下回らないおそれのある、現時点で年間積算線量が五〇ミリシーベルト超の地域」に設定される。年間積算線量五〇ミリシーベルトは、空間線量率では毎時九・五マイクロシーベルトにあたる。

居住制限区域は、年間二〇ミリシーベルト超、五〇ミリシーベルト以下（空間線量率＝毎時三・八マイクロシーベルト超、九・五マイクロシーベルト以下）で、日中の立ち入りはできるが、自宅での宿泊や営農・営林はできない。避難指示解除準備区域は、年間二〇ミリシーベルト以下（空間線量率＝毎時三・八マイクロシーベルト以下）で、自宅での宿泊はできないが、帰還に向けた準備のための宿泊は認められ、除染後に帰還できる。

避難指示区域再編が実施された結果、帰還困難区域は七市町村にまたがり、その面積は三三七平方キロに及ぶ。帰還困難区域からの避難者は二〇一三年八月八日の時点で約二万五〇〇〇人。面積・人口とも、避難指示区域全体の約三割に相当する。帰還困難区域が設定されたのは、双葉町の九六％、浪江町の八〇％、大熊町の六二％にあたり、この三町で帰還困難区域全体の面積の八割以上を占める。

帰還困難区域の三三七平方キロという広さは、東京二三区を合わせた面積の半分以上になる。帰還困難区域に居住制限区域の約三〇四平方キロまでを加えると、東京二三区全体の面積を超える。これだけの広さの国土が放射能汚染のために、人が住めない土地になってしまった。

浪江町の帰還困難区域と他区域の境界一〇九ヵ所には、人の立ち入りを制限する柵が設置された。柵から先は、必要な許可証なしには入れない。浪江町が帰還困難区域となって間もない二〇一三年五月の連休明け、私は渡部典一の車に同乗して再び小丸の牧場へ向かった。二月、三月に来たときの冷たさ、重苦しさはどこかへ消えてしまったかのようで、車窓から見る阿武隈山系の山々にも谷にも春の陽光が降り注いでいた。

時が止まったような避難区域の中も、少しずつ変化している。検問所に立っていた警察官は、いつのまにか民間のガードマンに替わっていた。途中の田んぼのあちこちに人の背よりも高い木が繁茂していた。前年のセイタカアワダチソウの枯れ姿がまだ残っている田畑に、緑の芽をたくさんつけた若木の群れは目立つ。

「柳の木です。もう三、四年も放っておいたら、手に負えなくなってしまいます。あれが伸びて根を張りだすと、もう元の田に戻すことは山を開墾するのと同じです」

この一ヵ月ほど前、渡部は震災後ばらばらになって暮らす小丸地区の住民が集まる年一回の総会で、生き延びている牛を活用して農地を保全する取り組みについて報告をし、協力を仰いだ。

渡部は牛と話すことには慣れているかもしれないが、今まで人前で話すことなど、あまりなかったはずだ。ふだん、にこにこしていても、無駄口をきいたりお愛想めいたことを言ったりしたのを聞いたことがない。

「研究者の方々と始めた活動内容や牛を生かす目的が、集落の中に浸透していなかった面があったので、少しでも了解してもらおうということで話をしました。このままでは農地は荒れ放題になる。小丸のように線量が高い地域で、行政が何をしてくれますか。

除染も全く手つかずの状態です。将来、ここでは農業をやめろ、ということなんでしょう。そうじゃなく、牛を生かして使えば、農地や環境を保全できる。牛が家屋敷を荒らすとか味噌蔵に入ったとか、そんなことは農地や道路に電気牧柵を回せばなんとかなる話です」

いつもは寡黙な渡部が説明するまでもなく、餌やりに通いつづけ、他人の牧場まで出向いて柵を設置しつづけてきた姿を、見る人は見ていた。賛同する人や手伝おうという人、田地を牛の餌場に提供しようという人も出てきた。

いつしか放牧場は、夏場には八〇頭ほどの牛に草を食べさせられるまで広がった。牛を殺したくないという七、八軒の農家の牛を集めて、渡部ら二、三人が管理するようになり、それは「小丸共同牧場」と呼ばれるようになった。

しかし、国はいまだに安楽死処分を撤回していない。

「結局、国は殺処分せざるをえないように農家を追い込んでいったんですよ。実際、一年も二年も人間が手をかけずに牛を放置しておいたら、扱いができなくなり、危害を加えるようになる。そうなると、危ないから殺すしかないでしょう、って。農家も、もう牛を扱えねぇ、暴れてどうしようもねぇから、殺してもらうしかねぇと追い込まれていった。行政が管理し、迷惑かけねぇようにすれば全く問題はなかったのに。それをしないから我々が個人的に囲って、馴らしていくほかなかったんです」

小丸共同牧場に着いた渡部は、柔らかい緑の草を食べている牛たちをひととおり見てまわってから、「今日は特別な場所に案内する」と言って、高瀬川を渡った山の中へ車を走らせた。

狭い山道は土砂崩れが起きて、通行できなくなっていた。車を降りて一〇分ほど歩いていく。と、対岸の山に広がる小丸の牧場を、うあーっと一望できるところへ出た。常緑樹の濃い緑に負けずに萌え上がる若葉の森を背に、青々とした牧場のパノラマ。薄青い空のほかは、見渡すかぎり緑に覆われている。緑の一色ではなく、それぞれ色調が違い、自然が織りなすパッチワークのようだ。丘の平らな牧場が、とりわけ黄みを帯びて照り輝いている。

目を凝らすと米粒ほどの黒い塊が点在し、動いている。牛だ。カメラを出して望遠レンズで覗くと、草を食んでいる。駆けっこしているのもいる。あの群れの中に双子の「安糸丸」と「安糸丸二号」もいるはずだ。が、耳標まではとても確認できない。

眼下に広がる田んぼも、濡れたような黄緑色が萌え立ち、牛の舌に撫でられるのを待っている。前景の道路に沿って、玩具のような家が数軒。この家に人が住むようになる日が再び来るとは、今はとても想像できない。人っ子ひとりいない別天地に、牛たちは生きている。牧場は牧場のまま、牛は牛のままだ。美しい国土が失われたとは、もう言うまい。

昔から牛は家族同然だった

東日本大震災後に出版された道路地図のなかには、津波の被害に遭った地域を網点などで表示しているものもあるが、町々は震災前と変わらず地図上に存在している。帰還困難区域も以前と同様地図上に存在している。だがその現実は、行けども行けども町とは名ばかりの無人の空間が広がっているばかりだ。避難したままの住民と無人化した町とのつながりは切れようとしている。町には放置された生きものが、野生動物のように生きている。

この環境で家畜を飼いつづけることには想像を絶するものがある。志を同じくする者が互いに助け合わなければやっていけない。渡部は労を惜しまず、浪江町以外へも牧柵設置に出向いてきた。

そんな牛飼い仲間のひとりが、福島第一原発から西に約五・八キロ、大熊町の帰還困難区域に牧場のある池田美喜子(みきこ)だ。約二〇キロ離れた広野(ひろの)町の自宅から毎日、車で牛の世話に通っている。震災後、避難所、仮設、借り上げ住宅などを転々としたのち、二〇一三年になって夫の職場に近い広野町に家を建てた。

最初は月に一回しか下りなかった警戒区域への立ち入り許可が、申請を重ねていくうちに二週間に一回、一週間に一回、週に二回、一日おきの立ち入りも可能となり、許可も一ヵ月分まとめて出るようになった。

原発事故前は、夫の光秀(みつひで)とともに親牛二〇頭、子牛を入れて三〇頭ほどの牛を、牧草と稲ワラで飼育してきた。牧草の種を蒔いておけば余るくらい収穫できたから、餌の心配などしたことがなかった。ところが、今では餌の確保に頭を悩ませている。震災前から妊娠していた母牛が出産し、さらに囲いを乗り越えて侵入してきた雄牛もいて、六〇頭を超える大所帯になってしまったからだ。「希望の牧場・ふくしま」の吉沢に餌を提供してもらったり、「家畜と農地の管理研究会」の支援を受けて、どうにか餌をやりくりしてきた。

「研究会の岡田先生には、どうしても餌が足りなくなるようだったら、牛の数を減らすしかないと言われています。牛たちの間には力関係があって、弱くておどおどして周りの様子を窺いながら食べている牛は、だんだん痩せていく。体調が悪くて太れないのもいます。草の上に下痢便があっても、誰のかわからねぇし」

と、顔を曇らす。震災前から池田牧場の牛は、会社勤めの夫に手伝ってもらいながら、美喜子が中心になって飼育してきた。美喜子は一頭ずつ自分たちがつけた名前で呼ぶ。鹿児島から来た雌牛の子が、雄なら「西郷君(さいごうくん)」「大久保君(おおくぼくん)」、雌なら「あつひめ（天璋院篤姫(てんしょういんあつひめ)から命名）」など。

「自分ちの親牛は全員、名前で呼べるけど、震災間際に生まれた二、三頭の子牛は『おめぇ誰じゃったっけ』と、ちょっと危ないのがいるな」

ありったけの愛情を牛に注いできた美喜子は、安楽死処分用に設けられた柵から牛を連れ戻したこともある。「青森から来た『あこ』が、まだ帰ってこない。子の『かこ』は戻ってきたけど」と、原発事故で避難して以来姿を見せない牛が、今も気になっている。

大熊町の隣の双葉町にある美喜子の実家も牛を飼っていたから、結婚相手が畜産農家であることにためらいはなかった。

「結婚した当初は七頭ぐらいいたな。主人の母親が、今の若い人は日曜日に出歩くんだから、牛飼いなんかしないほうがいいと言って、主人もそのつもりで牛を減らしていた。でも、私は出歩きたいとも思わないし、五頭も七頭も、八頭も同じだよね、一〇頭になったら一五頭も同じだよね、と増やしていった。

米と牧草の二毛作で、春の連休中も牧草の収穫と田んぼの準備で、一日も休みなんてなかったですけどね。でもそれが当たり前で、二人で大変だという話をしたこともなく、やめたいとも思わなかったですね。親牛が一五頭になって、あと五頭増やして牛小屋を造ったら補助金が出るというので、ちょうど二〇頭にしたときだったの」

原発事故は一家の未来を奪った。当時、美喜子は五三歳、光秀は四九歳。畜産を継いでやっていきたいと北海道の大学に進んだ長男が、「おれ、学校続けていいのか」と訊いてきた。

「二年でやめられねぇべ、卒業証書だけはもらえって言いました。被災者として授業料は免除になり、寮に入っていたのでお金はたいしてかかりませんでしたが、いざ就職となると『福島には帰らない』と。なんで？　と訊いたら、

『うーん、帰らねぇから帰んねぇ、五〇歳になったら帰るから』

最初は牛をやりたいから北海道へ勉強に行くと言ってたのに、今度は後継者にならないと言いだしました。

向こうの畜産関係の会社に勤めたものですから、地元の農家の人たちとおつきあいがあるみたいで、『新規就農の道がいっぱいあるから、こっちへ来ないか』って逆に言ってきた。誰がそんなとこさ行くか。北海道みたいに雪がいっぱい降るとこさ行って、どうやっておらたちが生きていくだ。双葉は雪がほとんど降らないところですから。主人はそれを聞いて笑っているだけですけど。やっぱり年寄りがいるから置いていけないですしね」

池田牧場は帰還困難区域であるが、放射線量は二年半経った時点で毎時三～四マイクロシーベルト程度。除染され、時間が経てば、帰還できる可能性もある。しかし、第一原発周辺で計画されている大熊町の中間貯蔵施設が近くにできれば、いつまでも立ち入

り禁止が続き、インフラ整備も期待できず、そこで生活することは難しいだろう。

美喜子は安楽死処分の同意書を前に置き、光秀に問いかけた。

「なんで殺さなきゃいけないんだ。うちの牛、何も悪いことしてないのに。同意しないよね？　する？　しないよね？」

「しない」という返事に、「ああ、よかった」と、安堵のため息をもらした。

光秀が元の職場に戻るまでは、毎日二人で牧場に出向いた。

「四畳半二間の檻のような仮設にいるよりも、牛と一緒にいたほうがいい。今もそう。家にいて、ただぼうっとしてたり、あいつら何してっぺなと考えるよりも、行って顔を見て、元気だったか、何してた？　と声かけているほうが、うんと張り合いが出るもの」


私は二〇一三年一〇月、餌やりに行くという美喜子の車で、六〇頭の牛が待つ大熊町の牧場を訪れた。途中、道を占拠するように闊歩している大きなイノシシに出くわした。

「二日前にも、この辺りに二〇頭ぐらいいましたよ。あれはこの前の瓜坊（うりぼう）のかあちゃんだな。おっぱい張ってるもの」と、美喜子は慌てる様子もない。

牧場近くの道路には、イノシシの糞と思われる鮮やかなピンクの塊が落ちていた。

「ピンクの花か何か食べたのかな。あれっ、こっちの糞はきっと革手袋だべ」

イノシシのたくましさを垣間見(かいまみ)たが、今や帰還困難区域ではイノシシよりも人間のほうが珍しい存在になっているのだ。

牧場の周辺は梨の産地であったが、すでに枝がうっそうと生い茂り、雑草が伸び放題の梨畑が広がっているだけだ。付近の住宅街に立ち並ぶ瀟洒(しょうしゃ)な家々は、かつては「東電御殿」と呼ばれ、大半が東電社員の住まいだったという。空き家に近づいてよく見ると、大なり小なり地震被害の跡をとどめている。

牧場に着いて車を降りると、姿を見ないうちから牛の鳴き声、牛のにおいが押し寄せてきた。ソーラーの牧柵の中の牛たちが人を歓迎するように明るい声を上げ、待ちかねた様子で美喜子に寄ってくる。私も長靴に履き替え、牧柵の中に入った。三・五ヘクタールほどの牧場内の草は、すべて食べ尽くされていた。

さっそく牛たちは牧場から道路を隔てた田んぼへ移動し、青々とした牧草や雑草にありつくことができた。田んぼは現在、牧柵で囲まれ、放牧地として利用されている。その食べっぷりといったら。ごちそうの量を見定めているからか、慌てることなく、しかし片時も休むことなく、六〇頭の牛は二時間ばかり、ひたすら草を食みつづける。

ムシャムシャ、グシャグシャ、ガサガサ、ザッザッ、ザーッザーッ……。

その音のすさまじいこと。ブチッと草が舌で引きちぎられる音も混じっている。草がブチブチちぎれる音に、フーッフーッと牛が吐く息の音、サッサッと草の上を移動する音も混じる。牛は少しずつ移動しながら食べている。ときおり雑多な音が重なり合って、グワシ、グワシと風の怪物でも歩いているような音が地に響く。

ふと頭をもたげた牛の目の前を、黄色い蝶が一頭ひらひら舞っている。私は一瞬、牛たちの音を忘れた。夏の野のような草いきれ。またしてもザッザッ、ブチブチ、フーッフーッ……。ここは屋内ではない、秋晴れの空の下だ。牛の舌が草に触れて地と交響する音に、私は牛の食べる力、咀嚼する力のものすごさを知った。この偉大な力があれば、広大な農地や山林だって除草できそうだ。

「本当なら牛たちがゆっくり食べられるように、ここに置いて帰りたいんだけど、野良牛が来て柵を壊されたら恐ろしいから、二時間か三時間で牛舎に戻します。大勢が逃げたら回収できないし、ここは町場だから。

牛は一・五メートルぐらいの高さを跳び越えるのは楽勝なんですよ。以前、去勢するのに捕まえようとして、二メートル近くジャンプして逃げちゃったのもいたくらい」

美喜子に誘導された牛たちは再び道路を横断し、今度は、積み上げられた乾草の山を目当てに、牛舎のある牧場へ戻っていく。いま食べた青い草で足りない分を乾草で補うのだ。

「それっ、『のぞみ』も行け」

元気のいい牛たちに先を越されて、遠目に乾草の山を覗きながら自分の順番が回ってくるのを待っている痩せた牛に、美喜子が声をかけた。

農家にとって牛は家族同然だが、美喜子の牛に対する接し方を見ていると家族以上ではないかと思えてくる。原発事故が起きる前、子牛が病気になれば、事務所を兼ねた小屋に寝泊まりして介抱した。家族の食事の用意は夫や子どもまかせ。家に戻るのは洗濯と風呂に入るときだけ。ペット用のおむつを牛に敷いて一緒に寝ていたら、訪ねてきた友達に「牛は介護保険、利かねぇからな」とあきれられたほど。

子牛と一緒に小屋に一ヵ月ほど寝泊まりしたこともある。

「獣医さんに朝晩点滴してもらって、体が冷えないようにストーブぼんぼん焚いて二週間ほどすると、半分死んだような状態だった子牛が回復してきたんです。それでも起き上がることはできなくて、もがいている。後ろ足は立ったけど、前足は畳んだまま、肘でようやく立つ感じ。毎日助け起こしてやって、少しずつ一緒に歩いているうちに、自分で動けるようになったんですよ」

助かった牛もいれば、助からない牛もいる。

「自分の体を舐めて、毛玉が胃袋に詰まって死んだ牛もいましたね。調子が悪そうだったので獣医さん呼んで診てもらったら、明日手術だって。でも獣医さんが帰ったらすぐに息が止まって死んじゃった。解剖したら、第一胃と第二胃の間に毛玉が詰まっていて……。

震災前は事故でもないかぎり、よっぽどでないと親牛が死ぬことなんてなかったけどな。お産のときも、主人と二人でやっていたし。夜は私が見回りして、さあ生まれるというときだけ主人を起こすんです。足が出たあと、引っぱったほうがいいときは二人がかりで引っぱり出したもんです。

でも去年は引っぱりきれなくて、死なせてしまいました。震災前は頭がなかなか出ないことがあっても、頭が出たらあとは一気に抜け出てきたのに。去年は引っぱっても、なんでだか腰で引っかかって抜けなかったんです。牛舎のようにロープを上に引っかけるところがないので、軽トラで引っぱったり、ローラーで引っぱったりしましたけど。子はもう死んでいたし、お産に時間がかかって母牛もだめになるかと思ったら、幸い死んだ親はいませんでしたけど」

帰還困難区域では、難産になって獣医師を呼ぼうにも、立ち入り許可はなかなか下りない。この近辺には二人のほかに誰もいない。二人して命の綱を引っぱるしかなかった。

牛が死ねば、かつては飼い主が自分たちの手で埋葬することが多かったが、狂牛病と呼ばれるBSEの問題が起きてからは、死亡獣畜を取り扱う施設で検査のうえ処理することが義務づけられ、畜産農家は業者に頼んで搬送してもらうようになった。

しかし、原発事故後の双葉郡では、飼っている牛が死んだ際には飼い主が保健所に連絡して指示を仰ぎ、耳標番号を確認し、写真を撮るなどしてから、指定の埋却場所に埋葬するようになった。美喜子の牛が死んだ場合は、「家畜と農地の管理研究会」の獣医師に死亡確認をしてもらっている。帰還困難区域では、生きている牛も死んだ牛も外へ持ち出すことはできない。牛飼いは病気や事故で死ぬ子牛や親牛、死産の牛を、昔のように自ら手厚く葬ってやっている。

「牛が生まれたときと死んだときは特別なの。牛の子が生まれるたびに、今日は誰それちゃんのお誕生会なの、って、刺身を買ったりしてごちそうを食べてたのね。主人や子どもら、人間の誕生日は何もしなくても。牛が病気やなんかで死んだときは、今日はお通夜なの、お葬式なの、って言って、やっぱりお刺身食べんのね。

死んだら穴掘ってただ埋めるんじゃなくて、ワラとか草とかいっぱい敷いてやって、お布団のようにかぶせて、弁当持っていけって言うの。ワラだの草だのたっぷり入れてやって、あっちさ行って食べものに不自由しないように、弁当持ってけなって。ひもじい思いをしなくてすむように……」

一〇〇年後を夢見て木を植える

牛が生きるふるさとが帰還困難の地となったとき、牛を飼う者の前途は閉ざされた。怒りのやり場もなく、降りかかった悲運を嘆きながらも、自分に残された時間、家族が生きていくであろう時間を思い、父祖伝来の地の行く末を案じずにはいられない。

原子力災害対策本部は帰還困難区域について、「避難指示の解除までに要する期間が長期にならざるを得ない」としている。では、長期とはどれぐらいか。「具体的には五年間を経過してもなお、年間積算線量が二〇ミリシーベルトを下回らないおそれのある、現時点で年間積算線量が五〇ミリシーベルト超の地域」となれば、いったい何年が経過すればその数値は下がるのか。

牛飼い農家のなかには、帰還可能になる年月を数十年どころか一〇〇年先と見越して動いている人もいる。避難区域の住民は「時間との闘い」を強いられていると語る坂本勝利（かつとし）は、「放射線量が元に戻るには一〇〇年はかかる」と、覚悟を決めている。木を皆伐しなければならない山の除染を考えに入れての話である。

坂本の家は三代、一〇〇年を超えて檜（ひのき）や杉などの造林用苗木を栽培してきた。畜産は坂本の代からだ。

「今年（二〇一三年）で七五歳、後期高齢者になりましたが、今いる牛二〇頭ぐらいだったら、なんとか飼っていけるかなと思っています」

安楽死処分に同意せずに自らの手で牛を飼いつづけている農家は、富岡町では坂本だけとなった。避難所、仮設住宅を移り住み、孫の小学校入学に合わせて田村市船引（ふねひき）町で娘婿夫婦と同居を始めたものの、車で片道一時間半をかけて富岡町まで二〇頭の世話に通っている。

　避難所では、愛犬と一緒に車に寝泊まりしていたこともある。現在、田村市の高台の住宅地に薪ストーブの煙突のある家を建て、薪割りをして暖を取っている坂本の姿からは、ふるさとの大地を追われた男の意地のようなものが感じられる。

　福島第一原発から南西に約八・五キロ。坂本のふるさと、富岡町の広大な田畑や山は、今も牧場並みに美しい。周りの荒れ果てた地を見てきた目には、驚異的といってもよい。これもすべて牛がきれいに下草を食べてくれているからだ。

「これまで稲ワラと牛糞を鋤き込んだ堆肥を使って、循環型農業を目指してきました。とくに山の苗木は有機質の肥料が重要で、堆肥をいっぱい入れないと継続して生産できません。化学肥料ばっかりでは、すぐに畑が痩せてしまって、一〇〇年も同じ場所で苗木を育てることなど不可能です」

　水田の収穫後の稲ワラや落ち葉、家畜の糞などを堆肥にして地に戻す循環型農業は、大地に巡ってくる四季という円環的な時間があって可能になる。いま帰還困難区域では、長い年月をかけて線量が下がっていく放射性物質が示す時間、直線状に流れる時間が支配的である。それに抗して坂本は、別の時間を生み出す苗木を植えようとしている。

「どうせ農作物は作れないのだから、桜の木を植えて公園みたいにしてやろうと。いずれ線量が下がって人が入れるようになれば、住むことはできなくても花見に来てもらえたらいい。牛が下草を食べてくれれば、人の手間はかかりませんから一石二鳥です。私は土地を守ってくれる牛のありがたさを痛切に感じています」

田村市の新居を訪問した私が坂本の夢のような話を聞いている間、彼の膝の上には、生き別れになってシェルターに保護されたのちに再会した三毛猫が乗っていた。余談になるが、この猫もまた数奇な運命をたどってここに帰り着いていた。

震災の年の七月、一時帰宅した坂本が生き残っていた猫と犬を避難所に連れていこうと車に乗せたとき、猫はさっと逃げ出してしまった。その後一時帰宅のたびに猫を捜したが、見つからなかった。あきらめきれず、離別してから約一年後、福島県動物救護本部が三春町に設けたシェルターを訪ねたとき、一枚の写真から居場所が判明した。なんと大阪にあるペット動物の専門学校が預かっている猫や犬のなかにいたのだ。さっそく猫は大阪から戻ることになり、坂本との再会がかなった。

これにはさらに後日談がある。私が初めて坂本の家を訪ねたとき、目の前にいる猫にどこか見覚えがあった。よもやと思いながらも気になって、私がこれまでシェルターで撮ってきた動物の写真を見返すと、そこによく似た猫を発見したのだ。三毛猫は珍しくないが、左目の縁の明るい茶色、鼻の周りの薄茶色、愛嬌のある目の表情に特徴があった。次に坂本に会ったとき、写真を確認してもらったところ、やはり彼の猫だった。この猫はネズミのほかにスズメや山鳩（やまばと）を獲るのが得意だったというから、捕獲されるまでの間、餓死しないですんだのだろう。今でもテレビに鳥の映像が出てくると、ぱーっと駆け寄っていくそうだ。

私が猫を撮ったのは二〇一一年一二月。ケージ越しにじっとこちらを見つめる猫の目は、この平和な日本に動乱の生活を強いられた家族があったことを語りかけてくる。

帰還困難区域のふるさとに桜を植えるという坂本の話を、私は最初、夢のように感じたが、それはむろん、夢なんかではない。畑には、すでに二十数本の枝垂れ桜が並んで若い枝を伸ばしている。さらに、街路樹に適した別の桜を調達する目鼻もついているという。

「ソメイヨシノの寿命は八〇年程度、長くて一〇〇年ですが、枝垂れ桜は五〇〇年も一〇〇〇年も生きる木です。除草してくれる牛のほうは自然淘汰を待ちながら、管理しやすい頭数にしていこうと思っています。

将来的には、糞がころころで乾燥している山羊や緬羊もいいでしょうね。牛の糞は柔らかいから、花見のシーズンにはちょっといただけないかな。でも、牛は糞が載った草は避けて食べないので、草が食べ尽くされることもないし、おまけにゆったりと移動しますから土地を傷めることもない。大地には若い草が伸び広がっていきます」

私は坂本の話を聞きながら、一〇〇年後の福島の「桜の園」を思い浮かべる。被曝した山々は霞み、陽炎揺れる野に、おぼろ月夜の丘に、人が繰り出し牛と一緒に花を見ている。坂本が植えた桜の花が春風に揺らぎ、花びらが艶やかに輝く牛にこぼれて……。あるいは、牛たちは役目を終えていなくなり、風光る野に出て遊ぶ人々に百千鳥(ももちどり)のさえずり、花の宴たけなわといった光景だろうか。その桜は、無残な最期を遂げた牛たちへの鎮魂の花だ。

坂本の娘夫婦は教員だから、後を継いで冬場の餌やりに通うことは難しいかもしれない。しかし、一〇年後ぐらいには、満開の桜の下で、ふるさとを離れざるをえなかった人たちが花見をすることはできるのではないか。そのとき、坂本の牛二〇頭のうち、いったい何頭が生きているだろうか。

第九章

検問を越えて牛の国へ

牛が教えてくれたこと

双子の兄弟牛失踪する

大熊町の池田美喜子の牧場へ行くにあたって、渡部典一にも電話を入れた。セイタカアワダチソウが生い茂る荒れ地と牛がきれいにしてくれた水田の違いを見たいし、双子の兄弟にも久々に会いたかったのだ。すると、電話の向こうでしばらく沈黙があり、「実は双子の一頭が一〇日ほど前から行方不明なんです」と、沈んだ声が返ってきた。

一週間後、私は二本松の渡部の仮設住宅にレンタカーを置いて、渡部の運転する車で検問を通過した。検問員の若いガードマンは、浪江町長が発行している渡部と私の通行許可証と運転免許証を確認すると、「お気をつけて、どうぞ行ってらっしゃいませ」と声をかけてきた。渡部は「なんか雨が降ってくるかもしれないね」と返事し、窓を閉めた。ひところの警察官のものものしい雰囲気やそっけない対応ではなく、平穏な日々の挨拶だった。帰還困難が日常化していた。

私たちが生活を営んでいるところと地続きの場所に、立ち入り禁止となった世界が出現し、別の日常が存続していく。その異常さは、これまで日本人が経験したことのないものだ。

一〇分もしないうちに、雲行きが怪しくなってきたかと思うと、激しい雨が降ってきた。秋本番を迎えて、小丸へ向かう道の両側の田んぼを占領しているセイタカアワダチソウと柳の木は、雨天なのに輝くばかり、ますます威勢がいい。それでも、山間部のセイタカアワダチソウは町中に比べるとまだ緑色がかっていて、黄色が泡立つのはもう少し先だろう。

空き家の庭にはコスモスが咲き乱れていた。種がこぼれてきたのか、ところどころ道の端にも、割れた道路の真ん中にも、コスモスが雨を受けている。コスモスを避けてゆっくり走っていると、林の中からキジが飛び出してきた。

途中、渡部が避難する直前まで牛を飼っていた牛舎に寄った。震災から二年七ヵ月。屋根と太い柱はしっかりしていて雨に負けていないが、柵の木は朽ちかけ、パイプは錆びついている。乾燥した牛糞が牛の生活していた名残をとどめているが、牛以外の動物の糞も混じっているようだった。

雨よりも川の音が激しい。この牛舎は高瀬川沿いにあり、川の上流に葛尾村、田村市、下流の浪江の中心部を過ぎて請戸川と合流する。かつて多くの牛と農作物を育てた水は、今も小丸共同牧場の牛たちの命の水となっているのだ。

丘の上の牧場へ行く前に、道路沿いの牧場の牛の群れを見た。木の下で雨宿りしている牛もいる。だが、双子の兄弟はいなかった。いつもなら渡部が来て声をかけると、いや声をかける前から寄ってきたのに。

丘の上には、双子の母牛の「はなひめ」がいた。

「双子のお母さんのお母さん、つまり双子のおばあさん牛もいます。双子のお母さん牛のお姉さんの子どももいます」

「えっ、ということは双子の兄弟からみて、いとこ？」

「ええ、その子から生まれた子もいるから、四代ですね。双子のお姉さんの子もいたんですが、震災後に死亡しました。一回の出産で改良が進むわけではなく、代をつなげていくのが改良なんです。うまいぐあいに雌牛ができればいいけど、雄が生まれたら次を待たなければならない。だから自分なりに考えて改良して牛の家系をつくろうとすれば、五年ぐらいでは無理で、一〇年近くかかっちゃうんですよ」

私は後日、双子の牛に至るまでの母牛たちの家系を示す登録証を見せてもらった。そこには体の各測定値や祖父母・曽祖父までの名前とともに、鼻紋が捺（お）されていた。鼻紋は人間の指紋にあたるもので、一頭ずつ模様が異なる。また人工授精表にも、父母・祖父母の血統や子牛の生年月日が記されている。それを見れば、「安糸丸」「安糸丸二号」は、母「はなひめ」の三産・四産目の子であることがわかる。

霧雨のなか、しばらく待っても、双子の兄弟は姿を見せない。別の場所に移動し、人家のあるところまで来ると、思ってもみなかった小さな子牛がいた。道路脇の牛舎に、生まれて数ヵ月の牛が、渡部が近づいてくるのを小躍りしながら見つめている。帰還困難区域の内側で、新しい命が誕生し、育っていたのだ。

渡部は二つの餌箱に乾草と配合飼料を入れた。ところが、子牛は食べようとしない。そこで人工乳を用意して、哺乳瓶を子牛の口に持っていってやった。今度はごくごくと音が聞こえるほど元気に飲んだ。やっぱりミルクはおいしいのだろう。

「おーわり。もうないよ。もうないの」

子牛の母親は、「家畜と農地の管理研究会」が総合調査に来たときに、後ろ足を引きずって歩いている状態で発見されたという。母牛は痩せ衰え、難産でとても助かりそうになかったが、獣医師に助産してもらい、どうにか子牛を出すことができた。その後、渡部が母子の面倒を見て、子牛はここまで大きくなったのだ。子牛は「めぇめぇ」と名づけられ、以後、道路沿いの便利なところにあった牛飼い仲間のこの牛舎に住んでいる。牛舎の裏に生えているセイタカアワダチソウとたけくらべすれば負けるが、もう少し経てば青草も食べられるようになるはずだ。

小丸の牧場一帯に、細かい秋の雨が小止みなく降りつづいていた。山霧で高瀬川の対岸は見えなかった。今では牧場となった田のはずれに、牛の群れがいたので、渡部は車を降りて「おーい」と声をかけながら近づいていった。

私も後を追っていくと、少し遠くで濃い川霧が動き、黒い影のようなものが見えた。その影は二つになって揺れ、やがて黒い肉体をもち、ゆっくりこちらに近づいてきた。

「あっ、いましたね。双子の兄弟が！」

声は落ち着いていたが、渡部は顔をくしゃくしゃにして、雨に濡れた眼鏡をタオルで拭った。

二頭は風に波立つセイタカアワダチソウの黄緑の茂みを背にして立った。空が少し晴れたかと思うと、背景は暗緑色を失ってぼうっと明るい黄色に変わった。二頭の前には牛たちが草を食べてきれいになった田んぼの黒褐色の土が広がり、私たちの足元まで続いている。彼らの後方にも、渡部と私の背後にも、高線量の放射性物質が宿る山また山が連なる。離れているため牛の目までは見えないが、じっとこちらを見ているのがわかる。私も目を凝らす。

彼らは家畜として人間の文明の災禍に立ち会わされ、無理やり生きる意味が問われるような舞台に引き上げられて、もう役を降りることはできない。進行しているのは、いつ終わるともしれない不条理なドラマだ。どんなオペラグラスがあっても、彼らの心のうちまでは覗けない。

空がいちだんと明るくなってきた。風がやんで書き割りのようにも見えるセイタカアワダチソウの茂みに沿って、二頭は右から左へゆっくり移動しはじめた。田の畦まで来ると、今度は私たちに向かって歩を速めた。

二頭が歩いている畦道の左側の田んぼは、牛を入れていないのでセイタカアワダチソウがうっそうと生い茂ったままだ。とても三年前まで黄金の実りの秋を迎えていた水田だったとは、想像もできない。もう一方の田、私たちが立っている側は、稲こそ実っていないが、その気になればいつでも農作物が作れるだろう。

原田良一の田で牛たちが示してくれたように、いま山間の広漠たる田野で牛たちは除草と農地保全の力を自ら立証してくれた。この一目瞭然の自然の変化を見れば、帰還困難区域で牛を生かしつづけることに意味がないなんて言えないはずだ。それは渡部のなかで、期待から確信へと変わった。

牛は大自然を舞台に、自ら生きていく意味を大地の言葉で語ったのだ。

二頭の兄弟牛は、まるで花道を退場するかのように、セイタカアワダチソウの高い壁と除草された田の境の畦道をこちらに向かってくる。その姿は、この違いを見てくれと言わんばかりに誇らしげだ。

やがて、私の目にも黄色い耳標の番号、七三七三と七三七四の数字が読みとれる距離になった。姿を消していた弟の「安糸丸二号」は、かなりやつれて力なげだ。二頭とも春に会ったときより、いくぶん小さくなったように感じられた。それでも、堂々たる体軀と角は「安糸丸」と「安糸丸二号」のものだ。

兄の「安糸丸」が弟の後ろから、急きたてるようについてくる。おれが見つけて連れてきたんだ、と得意気な様子で肩を振って近づいてきた。

「どこへ行ってたんだ？　痩せたじゃないか」

渡部は二頭の首を軽く叩き、手振りを入れながら、ぼそぼそと話をしている。気がついたら、さっきまでの雨がやんで晴れ間が見えている。渡部の顔もなんだか明るい。

高瀬川を渡って対岸の山の奥に入り込んでいたのではないか、と渡部は言う。川は浅瀬を選べば渡れるだろうが、ところどころ深い急流もあるではないか。

「牛は泳いで川を渡りますよ。なぁ、そんなのへっちゃらだよな」

と、渡部は二頭に笑いかけた。牛は餌がなくなると、真冬でも深い川を泳いで渡るという。生きるのに必死なのだ。

半月以上行方不明だった牛がちょうど私の訪ねたときに姿を現してくれたので、私もうれしくて二頭の首や胴を撫でた。撫でると雨水が滴ったが、濡れてビロードのように光る毛は剛くなく、体温と呼吸が伝わってきた。

牛が協力する調査・研究

この二ヵ月後の二〇一三年一二月七日、八日に、「家畜と農地の管理研究会」が小丸共同牧場で第三回の総合調査を実施した。今回も牛の血液と土壌の採取、放射線量計の装着、行動軌跡を見るセンサーのバッテリー交換などが目的である。岩手大学の岡田啓司、東北大学の佐藤衆介のほか、北里大学や岩手大学の研究者、小丸共同牧場の農家五人も参加した。白い防護服を見ると牛が逃げるため、高い線量にもかかわらず、メンバーは誰も着ていない。

同行した私は、そこで懐かしい二人に再会した。飯舘村の獣医師・平野康幸と岩手県の家畜診療所の三浦潔だ。二人はこのプロジェクトに協力している獣医師のうちに含まれていた。平野は、「線量の高いところの作業は、我々ロートルの獣医の出番ですよ」と笑う。三浦はこれまでも岡田と一緒に避難区域内の多数の牛の去勢手術を行ってきたが、今回も小丸の一頭が妊娠しているのがわかり、野外で去勢の処置をした。

鎮静剤が効いて牛がごろっと横になったところで、まず後ろ足一本をロープでパイプの柵に保定する。鋏で局部の毛を刈り、消毒のヨードチンキを振りかけ、左の陰嚢（いんのう）を鋏で切り裂き、精巣を引っぱり出す。次に、精巣とつながった管を鋏で押さえておいて、糸で縛る。縛り終わるとすぐに鋏で精巣を切り落とす。それを手渡して透明な袋に入れると、もう片方の精巣を同じように処置する。鋏二丁しか使っていない。小さな傷口からは、ほとんど出血もしていない。メスを使う人もいるが、鋏だけですますのが三浦のやり方だ。

抗生物質と覚醒剤を打ってしばらくすると、牛の意識が戻ってきた。綱を解いてやると、がばっと頭を持ち上げ、足をばたばたさせていたかと思うと立ち上がった。数歩よろよろ歩いて腹這いになり、また立ち上がる。いったい何があったんだといった様子でいぶかりながら、だんだん歩行距離を延ばし、五〇メートルほど離れた草むらに腰を落ち着けて、こちらを窺っている。保定されてから立ち去るまで二十数分。手術自体は五分もかかっていない。

今回の調査には岩手大学の家畜検診車が来ていて、現場で血液の分離・分析が行われた。血液採取は、五〇ccの注射器三本分。それを真空採血管などに分注し、速やかに検診車まで運んで分析にとりかかるという流れであった。牛は追い込み柵の中に誘導され、一頭ずつ前に進み、首の下あたりに注射器を刺される。激しく抵抗する者もいるが、鼻輪や角を綱で固定されては、いかんともしがたい。

双子の兄弟も、血液を採取された。弟はもう二ヵ月前のやつれた「安糸丸二号」ではなく、すっかり体力を回復して、屈強そうな首を振り振り、採血を拒もうと暴れていた。

「安糸丸二号」は採血後、追い込み柵から走り出ると、柵の外側に置いてあったごちそうを見つけた。配合飼料の袋に頭を突っ込んで、脇目もふらず食べはじめる。調査メンバーのひとりが「こらこら」と言って食べるのを止めようとしたが、渡部は「食わしたっていいよ」と、大きな声を出した。主の許可が下りたので、食いしんぼうの「安糸丸二号」はそれから半時間ほど居座って、頭を袋に突っ込んでは出しを繰り返した。その様子をこれから採血に向かう牛が、柵の中からうらやましそうに見ていた。

土壌採取は放射性セシウムや放射性ストロンチウムなどを測るためで、牧場内の測定地点は空間線量のみの場所を入れて、四六メートル四方ごとに計七四ヵ所。採取された血液や土壌は検査に回され、放射能汚染の濃度や推移のデータとなる。

私は足手まといにならないように、採取した土壌を車へ運ぶ手伝いをしながら、小丸の丘の牧場の背後に広がる山へも足を延ばした。樹間から覗く初冬の枯れた牧草地が、陽の当たりぐあいによって黄金色に映えるのを知った。里山の林の中には、木漏れ日を受けて玲瓏（れいろう）と輝く牛がひっそりと佇んでいた。

山を下りて道路脇の牛舎に戻ると、二ヵ月前とは見違えるほど大きくなった「めぇめぇ」がいた。といっても、まだ子牛。母牛に甘えるような感じで、渡部にじゃれついてくる。この日は研究会のメンバーから「めぇめぇ」へのプレゼントが用意されていた。赤と黒の温かそうなネックウォーマーだ。「めぇめぇ」はそれを頭から首にかぶせてもらう。ぴったり。よく似合うよ。子牛は喜んで、子鹿のように跳びはねた。

半年前、炎天下に難産で瀕死の母牛の助産をした獣医師の三浦は、この日、成長している「めぇめぇ」と再会した。

「母牛を発見したとき、すでにお産が始まっていて、放っておいたら死んじゃうだろうけど、それも自然なのかなとも思ったのですが。岡田先生に相談したら、一応出すだけ出してみようと。その場で治療だけしたんですが、家に連れて帰ってミルクを飲ませるまでしなきゃ、あの状態では育たないでしょう。渡部さんはここに親子を連れてきて、一生懸命介抱して、手塩にかけてきたんです。普通ならとっくに死んでいますよ。私はてっきり死んだと思っていたのが、あとで生きていると聞いて驚きました」

と三浦は目を細めた。「めぇめぇ」は、生まれも育ちも帰還困難区域。それでも人に馴れ、人を信頼して育っている。いずれはこの牛舎を出て他の牛に交じり、広い山の牧場を駆けまわる日がやってくるだろう。


「家畜と農地の管理研究会」は二〇一四年二月に、東京でシンポジウムを開いた。継続的な調査・研究により、放射性物質の体内への吸収、蓄積、排泄などのメカニズムが解明されれば、食の安全や畜産の復興に貢献できる。

この日発表した東北大学の磯貝恵美子（いそがいえみこ）教授によると、環境放射線量が同じ場所での畜舎飼育の牛（放射性セシウムを含まない飼料を給餌）と野外の放れ牛の二群間で、筋肉内の放射性セシウム値に約一〇倍の違いが認められたという。また、汚染稲ワラの給餌試験では、汚染飼料からセシウムが体内に取り込まれ、これをやめると体内から排出されていくこともわかった。

消化管から吸収されたセシウムは血流に乗り、全身の臓器組織に運ばれる。大腸で再吸収されて再び血流に入るが、一部は糞尿となって体外に排出される。血液から臓器へのセシウムの移行係数は筋肉で最も高いが、家畜では飼料に十分注意を払うことで筋肉へのセシウムの蓄積は防ぐことができるという。

なお安楽死処分の牛を対象にした二〇一一年の調査では、毒性の高い放射性銀と放射性テルルが検出された（半減期が短いため、現在では検出できない）。放射性銀は肝臓に、放射性テルルは腎臓に特異的に集積するという。内部被曝の要因となるこうした放射性物質が臓器内で濃縮される特性は未知の分野であり、それが牛で明らかになったことは注目に値する。

アメリカの研究者との共同研究も始まっている。シンポジウムでは、長年チェルノブイリで野生動物の調査を続けてきたサウスカロライナ大学のティモシー・ムソー教授の報告もあった。福島では、鳥類、蝶や蟬が事故後最初の夏に減少したが、他の生物群には有意差は認められていないという。チェルノブイリでの被曝による生物への有害な影響は、白内障、がん、成長異常、奇形精子、色素の欠乏による白子と呼ばれるアルビノの発症率増加などである。神経学的な発達異常は鳥類と齧歯類（ネズミ、リスなど）で確認され、鳥類の個体の認知能力や生存率に対する影響が公表されている。福島では重大な遺伝的損傷はまだ観察されていないという。が、予断を許さない状況である。低線量持続被曝の影響は、長期的なモニタリングによってわかるからだ。

「家畜と農地の管理研究会」のシンポジウムは、続いて七月にも東京で開催された。ここで私は牛の行動と被曝線量の推移、またそれが土や草と生体（牛）間の放射性セシウム汚染の移動にどう関連するかというデータに注目した。

それによると前年の春から小丸共同牧場で行ってきた調査結果を牛の筋肉中の平均セシウム濃度で比較すると、二〇一三年春は一キログラムあたり三〇〇〇～四〇〇〇ベクレル、同年秋は八〇〇〇～九〇〇〇ベクレル、二〇一四年春は四〇〇〇～五〇〇〇ベクレルであり、春に低く秋に高くなる傾向が認められた。春から秋にかけては自生する汚染牧草・山野草を食べ、晩秋から春先には購入飼料を食べているため、このような季節変動を示すものと考えられる。つまり、セシウムは土から草へ、草から牛へ、牛からまた土へと移動しているのだ。

岩手大学の岡田啓司准教授からは、牛の血液検査と頸部に装着した放射線測定器やGPS、加速度センサーなどのデータ、被曝線量の季節変動、牛の行動と汚染の移動などについて報告があった。

二〇一三年一二月の調査では、飼料不足の傾向が認められたが、栄養面での問題はなかった。しかし、甲状腺ホルモンを調べた結果は、調査対象の三一頭の牛群全体で八月に比べて甲状腺機能の低下が見られた。

牛の頸部における一頭あたりの平均被曝線量の推移は、八〜一一月には一日あたり平均八〇〇マイクロシーベルトを超える値だったが、一二月からしだいに低下し、翌年二月には六〇〇マイクロシーベルトを示した。九〜二月の半年間の累積被曝線量を見ると、一五〇ミリシーベルト近い被曝をしていることが推定される。

牛の行動位置を秋（九〜一一月）と冬（一二〜二月）で比較すると、昼夜ともに秋には牧場全体に分散していたが、冬には給餌場と牛舎に集中している。秋の昼間には山野草の豊富な場所での滞在時間が長く、活発な移動が行われているが、夜間には元水田だった牧区での滞在時間が長くなり、冬の夜間には牛舎の滞在時間が著しく増加する。

このように牛の採食場所は一日の時間帯、また季節によっても変わり、牛が汚染された山野草を食べたエリアでは土壌のセシウム汚染は低減し、糞尿をたくさん排泄したエリアではセシウム汚染は増加することになる。この放射性物質の移動は里山の除染に使える可能性がある。

こうした被曝地の牛や野生動物から得られる詳細なデータが貴重であることは言うま

でもない。これまで内部被曝の実験研究はマウスなどを対象に世界中で行われてきたが、牛のような大動物の内部被曝の研究は未知の領域だ。その異変は人の健康被害のバロメーターにもなる。低線量被曝による健康への影響については、今後長期にわたる調査が必要だ。

しかしながら、国は依然、被曝した牛の「研究材料」としての価値を認めていない。管理された牛の飼養継続は容認しているが、飼育から死後の処理までの労力と経費は、農家がすべて自己責任でもって行うことになっている。手弁当で牛を飼いつづける農家に不足する飼料代や獣医療を提供しようとしている「家畜と農地の管理研究会」の経費は、日本獣医師会や畜産関係の協会からの支援、寄付などで賄ってきたが、底をつくのが目に見えているという。研究プロジェクトに参加している小丸共同牧場ほか五軒の農家の牛、約二八〇頭を飼育するのに、できるかぎり自生の野草を食べさせたとしても、毎年数千万円の費用が生じる。

帰還困難区域の牛は、今後どうなるのか。シンポジウムの総合討論には、農家を代表して山本幸男と渡部典一が出席し、一二月から三月までの冬場の餌に困っていることを訴えた。山本や渡部の牧場のように広い放牧場を確保できない農家の場合は、餌の問題はより厳しくなる。

避難指示区域が再編されたころ、渡部は私にこんな話をしたことがある。

「夏場は自然の草を食べて行動しますから、冬場の餌代の分だけ牛に除草の労賃としてやってもらえたら、膨大な費用を省けます。帰還困難区域の除染は後回しでいつになるかわからないけど、比較的線量の低いところにも牛を持っていって農地を管理させておいて、除染が始まる前に牛を引き揚げ、また次の農地へ持っていく。そうすれば、通常ひと夏に三回ぐらい必要な草刈りの労力をかけずに、速やかに農業を復興できるんじゃないかな。こういう話をお役人さんにしたことがあるんだけど、汚染が拡散するからだめだと……」

汚染されていない土地なら拡散が問題になるかもしれないが、すでに汚染されてしまっている農地を囲って牛に管理させることの、どこに不都合があるのだろう。放射性物質を含む糞を回収すれば、牛を使った循環型の除染も可能だというのに。放射性物質は土や水から植物の中に取り込まれ、さらにそれを食べる牛の体内に移る、その移行を利用するわけである。ましてや、人が入れない帰還困難区域ならなおさらのことで、なんの対策も講じることなく国土が荒廃し失われていくのを見過ごしていてよいのか。

二〇一四年一〇月、「家畜と農地の管理研究会」は「原発事故被災動物と環境研究会」という名称に変更された。一二月には小丸共同牧場で定期的な総合調査とは別に、四頭の牛の解剖が行われた。解剖しなくても、採取した血液から被曝線量の測定、内分泌や遺伝子の情報解析は可能だが、内部被曝の詳細なデータを取得し、持続的低線量被曝の影響を調べるためには、解剖が必要になる。

黙禱のあと、研究者たちは大きな解剖刀をヤスリで磨きながら皮を剝ぎ、臓器や筋肉を切り分けていく。電動ノコギリで肋骨を切り、ノミとハンマーも使って背骨の中から脊髄を取り出し、頭蓋骨を開いて脳を取り出した。頭蓋骨などの骨や眼球も内部被曝の検査に使われる。切り分けられた組織は、次から次へとホルマリンに漬けられていく。

牧場の小高い山際に掘られた深い穴の底では、牛の首や足や内臓などが折り重なり、冬の木漏れ日を受けている。調査のための採材が終了したころには、日はとっぷりと暮れていた。ショベルカーが地上に残された遺骸もろとも血の染みた土を穴に運び入れる。

埋め戻したばかりの柔らかい土の上に花を供え、ひとりずつ焼香し、黙禱が終わった。私たちは収集した試料と道具類を車に積み込み、渡部典一ひとりを残して山を下りた。牛の遺骸はビニールシートなどでくるまずに直接地に埋められたから、早く土に還れることだろう。

お役目ご苦労さまと言える日まで

放射性物質は、闘うこともつきあうことも難しい、実にやっかいな存在だ。帰還困難区域では、除染で闘うことも、居住に向けてどうにかこうにかつきあっていくことも、何も見通しはついていない。

前述の二〇一三年一二月の総合調査のとき、私は放射能の脅威を目の当たりにした。双子の兄弟牛がいる道路脇の田の畦で線量計のスイッチを入れたところ、毎時三〇〇マイクロシーベルトという数字が浮き出たのだ。線量計が壊れているのかと思って、他の人にも測ってもらった。しかし、線量計はいずれも三一七、三二〇などという数字を示した。

もう笑うしかないではないか。実際に私たちは、写真を撮りながら力なく笑い合った。小丸の辺りが今も毎時二〇マイクロシーベルトを超える線量であることは承知していたし、側溝など湿った土や葉が溜まりやすいところが高線量なのはわかっていたが、これほどとは。帰還困難区域の基準として、年間積算線量五〇ミリシーベルト超、毎時九・五マイクロシーベルト超と設定された数値があるが、その基準の三〇倍以上の数値を実際目の前にすると、もはや現実感がなくなってしまう。いや、これが現実なのか。帰還困難区域の設定が解除される日は、いつかやってくるだろうか。私にわかっているのは、豊かな大地が忌避すべき汚染地となっても、この地で牛たちが放射能とつきあって生きているということだ。

渡部はこれから先も牛を飼いつづけるだろう。

が、いつまで？

「環境を守る牛として、将来の人たちのための研究に役立つ牛として、しかるべき研究機関などに継続的に面倒を見てもらえるなら、我々牛を飼ってきた者は安心して、新しく出直してやっていけると思うんです。牛の世話は誰かがやらなくちゃいけない。やっぱり牛を扱える農家がいて、研究してくれる人たちもいなくちゃいけない。

牛も年をとるし、病気にもなります。いつか牛が寿命で減り、いなくなるまでに帰って農業を再開できたら、本当にいちばんいいんだけど。牛に寿命だからお役目ご苦労さまというかたちになれば、我々畜産農家は異論も反対もないですよ。ただ使いもんになんねぇから殺せというのに対して、それはおかしいでしょって、やっぱり反発するし、憤りを感じる」

渡部はいくつかの選択肢を考えている。ひとつは、いま生きている牛で畜産を再開し、次世代の牛をつくっていく道である。改良を重ねてきた牛をまたつないでいくことが心の支えになってくるという。二つ目は、今の牛は研究に活かしてもらって自分の手から放し、畜産は別の牛で始めるという考え方。三つ目は、農地保全や研究材料と畜産を両立させて、農地を守る牛を管理しながら新しい牛も導入していくというものだ。

「牛が全部いなくなっても、まだ線量が下がらず帰れない、だけどそこで環境保全や研究など公益的な用途もあるのでこれからも牛を飼っていかなくちゃいけないとなったら、ある程度は種付けして、子牛も交ぜていく。そういう考え方もありだと思う。いろんなシミュレーションのなかで、どうなるかわからないから、長期的な研究が必要になってくる。長い目で見て、放射能と闘うというか、つきあっていかなきゃいけないと思うのです」

いかに放射能と闘い、いかに放射能とつきあっていくか。帰還困難区域の牛たちは、私たちにそれを問いかける存在でもある。

二〇一四年に年が変わってすぐ、渡部は双子の兄弟牛の角を切った。それを聞いたとき、私はあの誇らしげに張り出した立派な角がなくなってしまったとはとうてい信じられなかった。私はいつも大きな体軀と太く長く優美なカーブを描く角を見て、あれが「安糸丸」兄弟ではないかと、遠目に見当をつけるようにしていたからだ。

だが、渡部が除角したのは、理由があってのことだった。飼い主が常時は来てやれない、何か起きても獣医師も来られないような帰還困難区域の中で、牛同士が傷つけ合うリスクを避けたかったからだ。喧嘩で角を突き合うだけでなく、餌を食べるときに角が当たって傷つけることもある。

野外で暮らす「安糸丸」兄弟にとっては、角がなくなったことより、この冬はもっと骨身にこたえる厳しい状況に見舞われた。大雪だ。記録的な降雪は、小丸の牧場にも及んだ。二本松市の渡部の仮設住宅の辺りも、買い物に行くのさえ難儀するほどで、牧場まで片道一時間半のところを、倍の三時間ほどかかった。道路が通行止めとなり、行けない日が続いたこともあった。これ以上、ひもじい思いをさせられない。山道を避けて車が通行可能な道路を探し、浪江町と葛尾村を結ぶ県道までは行けたが、小丸まで三キロほどのところで、雪が深くて進めなくなってしまった。仕方なしに車から降りた渡部は、長靴の紐(ひも)を締め直し、ゆっくり歩きだした。

小丸に近づくにつれて雪はやみ、高瀬川の岸の雪原に照り返された陽光がまぶしくなった。飼料置き場までたどりついたときには、息も絶え絶えだったが、渡部は、自分のなかに牛と共に生きる力がまだ残っているのを感じた。

ところが、牛の姿は見えない。渡部は「おーい」と叫んで、餌を運ぶためにトラクターのエンジンをかけた。音と同時に、遠くの林の中から、雪深い葦原(あしはら)の中から、小屋の背後から、黒い塊が現れた。鳴き声はエンジン音にかき消されたが、黒く光るものはあちらからもこちらからも、足半分ぐらい埋まりながらゆっくりゆっくり近づいてくる。角のない双子の兄弟の姿も見える。角がなくなっても、子牛のころから健康を気遣いながら顔を見てきた渡部には、それが「安糸丸」「安糸丸二号」だとわかる。

渡部はトラクターに積んだ大きな乾草ロールを転がし、エンジンを切った。牛はもうそこまで来ている。包みをナイフで破ると、青臭い埃(ほこり)が舞い立った。牛が歩を速めて餌に飛びついていく。なかには天を仰いで吼えたり、渡部に頭を突きつけたりして、食べようとしない者もいる。

「早く食べろって。食わないと取られちまうぞ」

体を押しつけてくる牛を撫でながら、渡部は笑う。

この雪だし、あんまりゆっくりはしていられねぇんだ。「めぇめぇ」はこの前たっぷり餌をやってきたから大丈夫かな。今ごろは小屋でぽつんと待っているだろう。丘の上の牧場でも、エンジン音を聞いた牛たちが今か今かと待っているはずだ。

広い雪原に四方八方から牛の足跡が延びていた。その中心に渡部がいる。原発が爆発して避難を余儀なくされ、牛たちと抱き合って別れてからもうすぐ三年になる。牛飼いと牛が共にする至福の時は短い。一面の銀世界に牛たちが描いた深い足跡も、数日後には融けて消えてしまうだろう。

牛は大地そのものだ

原発事故が生み出した放れ牛は、捕獲・安楽死処分により、二〇一四年一月二九日をもって姿を消した。

私はこれまで、おもに安楽死を免れて生き延びてきた牛について語ってきたが、その一方、数知れない牛が死んでいった。安楽死以前に、餓死、病死、事故死など、「安楽」とはほど遠い死も日常化していた。

繰り返しになるが、旧警戒区域にいた牛約三五〇〇頭のうち、二〇一五年一月二〇日現在、福島県農林水産部畜産課によると安楽死処分が一七四七頭、処分に不同意の所有者による飼養継続が五五〇頭である。最後の捕獲・安楽死処分の一年前には、安楽死処分が約一四七〇頭、飼養継続が約八〇〇頭で、放れ牛がまだ約一五〇頭残っていた。実際には事故後に多数の子牛が生まれているので、餓死などによる死亡の数は不明であるが、そのころから放れ牛の減少は私も実感していた。

福島県の畜産課では、最後の捕獲・安楽死処分のあとも、生存している放れ牛がいないか、ひと月ほど捜索したという。市町村の役所にも協力を依頼して探査したが、該当する牛は見つからなかった。しかし、本当に一頭もいなくなってしまったのだろうか。放れ牛がすべて処分されたと聞いても、私にはそれがにわかには信じがたく、最後の捕獲・安楽死処分の一年前に雪の中で見た不思議な光景が目の前にまざまざと浮かび上がってきた。

二〇一四年の大雪ほどではないが、一三年も雪が降り積もった日があった。私は当時、被災地内の神社の荒廃ぶりを取材するため、警戒区域が解除された南相馬市の神社を回っていた。津波に流された神社もあれば、鳥居や石塔が倒れたままの神社も多く、どこも寂れて荒涼としていた。小高区浦尻の綿津見神社の近くで、雪深い道が凍結していたために車のバンパーの下を傷つけてしまったときのことだ。仕方なく車を停めて、膝までの雪に滑りながら、神社への山道を歩いた。綿津見神社は海に面した高い断崖の上にある。

浪江町との境に位置するこの付近は、一九六〇年代から浪江・小高原発の候補地であった。一部の住民からの根強い反対にもかかわらず、民有地のうち約九八％の用地取得を終え、建設計画が進んでいたところに、福島第一原発の事故が発生。東北電力は二〇一三年三月二八日に、原発の新設を撤回すると発表している。

神社の拝殿は激震により、柱や壁の姿をとどめず、屋根もろとも地面に崩れ落ちていた。落下した鈴の前には、散らばった賽銭。屋根には三〇センチほど雪が積もり、神域をほしいままにいろいろな禽獣の走った跡がついていた。そのなかに、牛と思われる大きな動物の蹄の跡もあった。放れ牛が海沿いまで進出してきていることは聞いていたし、私自身見かけたこともある。

日暮れてゴウゴウと海からの風はすさまじく、獣の群がる足跡を追って茂みの奥を覗くと、眼下に暗い海が轟く。絶壁の上に立つ神社を残し、周りの家や木々もろとも多くの行方不明者を呑み込んだ海が迫ってくる。荒れすさぶ風には不気味な声が交じっていて波濤の崖にぶつかる音とも、人のおめきとも、獣の唸りともつかない。波の底からも、倒壊した社殿の地面からも、叫喚（きょうかん）のからまった風が吹き上がる。

これ以上長居しては雪の中を車に戻れなくなるような気がして、私は踵（きびす）を返し、来たときの自分の靴の跡をたどった。

綿津見神社からの帰途、海から山のほうへ車を走らせていたときだ。車窓の遠景に黒い影がひとつ。もしかして牛かと思ったが、こんなところに一頭だけいるはずがない。いや、いてもおかしくない。近辺には全頭餓死した牛舎もあれば、牛の埋葬地もある。ゆっくり近づいてみると、やはりそれは牛だった。

牛はこちらを一瞥（いちべつ）すると、また山のほうへ歩きだした。足取りに迷いはなく、森へ行くというより、森に帰るような後ろ姿だ。私は車を降りて後を追ったが、草深い荒れ地に雪が積もって足を取られる。牛まで二〇メートルほどのところで、追うのをあきらめた。

空も森も刻々と黒さを増す。風はやんでいるが、空気が凍てついている。

雪の上にひと筋、牛の足跡が延びている。その先で、牛がひと声、ふた声鳴いた。ムォーン、ムォーン。くぐもった、霧笛のような音だった。

牛は振り返ることなく、時を移さず、黒い体は森の漆黒に吸い込まれていった。

この綿津見神社には、その後も近辺への取材の折に何度か立ち寄った。季節は巡っても、あまり明るい印象をもったことはない。太平洋の波浪が懸崖の下で砕け散る音はやむことなく、拝殿は崩れたまま、イノシシらしき足跡が地面に固まったままだ。辺りに人を寄せつけない妖気さえ感じるのは、東北電力が地元の反対者を押し切って計画を進めていたにもかかわらず撤退せざるをえなかった原発予定地の空虚な荒涼のためか。

ところが、二〇一四年七月に訪れたときには、辺りは違った気色につつまれていた。大きくはないが白木の拝殿が建ち、石碑も建立されていた。碑には浦尻地域の震災受難者の冥福を祈るとともに、未来への礎とする旨が刻んであった。

境内も空も明るくなったことに気をよくして、私はこの神社から浪江町の棚塩（たなしお）地区に延びる海岸沿いの道を往復してみることにした。道路のバリケードの横から入り、しばらく歩いていくと、道幅の半分ほどが舗装面から垂直に海へ崩れ落ちている箇所に行きあたった。赤錆びたガードレールの柱が三本、宙に浮いたままになっている。這いつくばって下を覗くと、えぐられた崖は明るい土色と暗い土色、灰色の地層が縞模様（しまもよう）を描き、切り立って二〇メートルほど下の海に落ち込んでいる。暗い夜にこの道を歩いていたら、崩壊箇所に気づかないまま真っ逆さまに海へ墜（お）ちていくだろう。大震災の爪痕は、四度目の夏を迎えても変わらず残っている。

大地が裂けて崩れたような底から、波の音が湧き上がってきた。しかし、私の耳はそれを聞いていなかった。耳をつんざく鳥の声に圧倒されていたのだ。海と反対側の林の中から湧き起こり、声が声に和し、わめき、鳴きやまない。それはウグイスの声だった。私は今までこんなにやかましく、激しくウグイスが鳴き交わす声を聞いたことがなかった。野生動物の聖域に侵入してきた人間が珍しいのか、とがめているのか。それともウグイス同士、縄張りを争っているのか。

歩いていくうちに、ウグイスの声が少し静まり、蟬のシャーシャー、カナカナが交じるところもあった。蟬の声をおとなしく感じるほど、ウグイスのそれは何か過剰で、どこか異様だった。

さらに歩いてゆくと、道の両側からツル草が伸びてきていた。進むにしたがってツルの勢いは増し、道の端から端に届き、とうとう道を覆うまでになった。こうなってはツル草を踏みながら歩くしかない。

道の両側には白いヤマユリ、オレンジのオニユリやヤブカンゾウが、濃い緑の中に浮き立っている。誰も見る人がいないのに咲いているのが気の毒になるほどの可憐さだ。ほの暗い林の中では、もっと見事な大輪が白やオレンジの光を吸ったり吐いたりしている。

この林の中に牛はいないか？

ほんの一、二年前までは、被災地の町中や山里、津波跡など、予想外のところで牛に出くわしたものだ。警戒区域から帰還困難区域へと呼び名は変わったが、人の住めないところ、立ち入れないところに牛の生と死があった。

仮に木暗がりに光が射し込むこの林間に牛が佇んでいても、私は何も不思議に思わないだろう。それは小丸の牧場で見慣れていたし、東北大学の佐藤衆介が見せてくれた写真がそうだった。放れ牛が一頭残らず姿を消してしまっても、避難区域にはまだ五〇〇頭以上の牛が生きている。その牛たちも原発事故がなかったら、普通の肉用牛として生きるはずであった。

犬や猫を保護する三春シェルターの管理獣医師によると、犬や猫の年齢を人間に換算すると、一年が人間の五年ほどにも相当するため、飼い主と同居のめどが立たないのであれば、もはや里親探しもやむをえないという。毎年子を産みつづける母牛は、犬や猫と同じくらいの時間を生きるが、普通の肉用牛であれば人間が定めた寿命は三〇ヵ月ほど。犬や猫よりも六倍速く、人間よりも三〇倍も速く、時は過ぎ去る。

牛は、この三〇ヵ月の時間を命とし、腹いっぱい食べた喜びを命として、自らの肉を人間に与える。そして、人間は牛の生死と無縁のところで肉を食する。さして感謝することもなく。

私も、牛を見ずして肉を食らってきた人間のひとりだ。子どものころ家の周りの田んぼや通学路にいた牛は、中学に入るころには私の視界から消えていた。福島で牛と再会した私は、人に取材し、さまざまな場所に同行しながら、できることなら牛にも訊きたいと思った。殺処分を乗り越えて生きる意味を、生き延びる喜びや悲しみを。もとより彼らは答えない。だが、生きとし生ける牛たちだけでなく、牛の死体や骨も、何かを語りかけていたように思う。私はそれを読みとらねばならない。

生きものの命は時間に支配されている。命とはすなわち時間である。だが、牛にとって命は単なる時間だけであろうか。むしろ牛の命は土であると言ってもよいほど、土に近く、大地とつながって生きている。

なぜなら、牛が排泄した糞はやがて土になり、植物を育て、その植物がまた牛を生み育てるからであり、牛にとっての命は自然の循環のなかにあるのだ。またそれは、牛が死んで土に還る、つまり、自らを土に返すという生と死の循環を意味する。

だが、牛と大地のつながりはそれだけではない。牛の胃が大地と同じような働きをしているのである。いわば牛の体内にもうひとつの大地があるのだ。

牛は牧草や野草の生草、乾草、稲ワラなどの植物を摂取する草食性の反芻動物であり、体内に四つの胃をもつ。そのうち、人間の胃に相当するのは胃液を分泌する第四胃であるが、なんといっても成牛で胃の総体積の約八〇%を占める第一胃に特徴がある。ルーメンと呼ばれる第一胃は、哺乳類の消化酵素では消化されない植物を、セルロース分解菌などの微生物によって分解する。ルーメンには細菌や原生動物などの微生物が多数生息し、巨大な発酵槽を形成している。牛が食べるものは、牛の餌であるとともにルーメン微生物の餌なのだ。

ルーメンには微生物群が生きるのに適した環境が整っており、微生物との共生関係は、土壌と微生物との関係に似ている。土があらゆる生物を養うように、ルーメンは微生物を生かし、その働きによって体内栄養素を代謝し、成長と増体、乳成分の合成を可能にする。

こうして牛は、草を大量の肉と乳に変身させる。わずかな栄養価しかない草から豊富な栄養とエネルギーを獲得する、そのシステムは驚異的だというほかない。

私にはその仕組みが不可思議であったが、常に口をもぐもぐ動かし、よだれを垂らしている牛と身近に接することによってしだいに理解できるようになった。

避難区域ではときたま牛が野外で解剖されることがある。牛の腹から姿を現したルーメンは、大きなバケツやドラム缶ほどもあり、白く輝く搗きたての巨大な餅のようだ。その大いなるルーメンをメスが切り開いていくと、中から土色の塊が顔を覗かせる。ルーメンの内壁は緑色がかった褐色だ。その膜につつまれた大量の青草や乾草はかき混ぜられて、おびただしい土の塊のように見える。胃の袋が割かれて水平に広がると同時に、溜め込まれた大地の食物がいっせいに地上にあふれる。その瞬間、牛の内なる大地が外の大地とひとつになるのを私は感じるのだ。

研究者によると、牛は一日に餌を食べる時間が八時間ぐらい、反芻も八時間ぐらい、約一六時間は口を動かしているという。睡眠が三時間から四時間。あとはさまざまな社会的行動や毛繕い、遊戯行動などをしている。

いつもいつも口を動かしている牛は、土が育てた生の草や乾草を咀嚼し反芻することによって、栄養豊富な乳と肉を生み出す。牛は大地の恵みそのもののような生きものである。

絶え間ない咀嚼・反芻こそ、大地と一体となって生きる動物、草を肉と乳に変える牛の牛たる仕事である。原発事故によりその仕事を奪われ、放れ牛となった者たちは、すでに滅びた。

最初は牛と土を別個のものと考えて取材してきた私であったが、福島に来て多くの牛と牛飼いたちに接することで、そして土にまみれた牛の死を眼前にすることによって、この二つは徐々につながっていった。

生きている牛のために、土は緑の絨緞を敷きつめてくれた。死んだ牛のために、土は布団を用意し、土の国へと招き入れてくれた。

牛は土に還り、土はまた牛に還る。

牛の外にも内にも大地がある。

牛は大地そのものだ。

終章　牛と大地の時間

二〇一四年の夏、富岡町の坂本勝利の牧場で草を食む牛を見ていた坂本と私は、見回りに来た山口県警の五人の警官に尋問された。私たちの名前と住所を控えた彼らは、去り際に「遅くならないうちに帰ってくださいよ」と声をかけてきた。

だが、どこへ帰れというのだろう？　坂本にとって真に帰る場所は、先祖や自分が植え育てた樹木と牛が待つこの被曝の地をおいて他にないではないか。

牧場には、杉や檜、桐の大木のほかに、いつかその日がやってくるであろう花見のために坂本が植えた桜の若木も、濃い日陰をつくっていた。牛たちはその緑陰に散らばって憩い、こちらを見ていた。

牧場への行き帰り、無人の家々に咲いていた花々も忘れがたい。生い茂る雑草に負けずに立葵はひと夏を咲きとおし、ノウゼンカズラの花は雲の峰をめざす勢いで這い上がり、咲き乱れていた。私は福島に通うようになるまで、橙色の鮮やかな花をつけるツル性のノウゼンカズラを気に留めたことがなかった。ところが、壁を這い木々の枝を渡って伸びる茎の先に次々に咲き、咲いては散る花には、人が失せた地にそこだけ何か祭りでもあるのかと思わせる明るさが漂っていた。

家や街路に明かりひとつない夕暮れどき、私は合歓の花に大地が灯したような光を感じた。ピンクと白のグラデーションのかかった糸が房のように集まった花は、遠くから見ると薄紅色に見え、そのぼうっと輝く明かりが迫りくる闇に抗うように風に揺れている。

東京二三区より広い土地に、誰も住んでいない夜がやってくる。荒れ果てた田畑や家々が夕闇につつまれても、ノウゼンカズラの花は電飾のように華やかに、合歓の花は燭光のようにかそけく、しばし光をとどめている。牛が死んだ日などは、花々は死を悼むかのように暮れ残り、避難区域を出ようと車を走らせている私を引き留めるように揺れるのだった。

原発事故は農作物を育て家畜を飼ってきた人々に、とりわけ深い痛手を与えた。土とともに生きてきたがゆえに、土が放射能で汚染されたとき、生活の手段も居住の場所も失ってしまった。

日本の農業は先祖代々受け継がれてきた土地の上に成り立っている。四年が経過しようとしている今もなお帰還困難区域では、農業再開どころか、避難せざるをえなかった人々の不自由な暮らしが続いているし、将来帰れるかどうか、全く見通しは立っていない。居住制限区域や避難指示解除準備区域でも除染には限界があり、いずれ農業が再開されたとしても、周辺に線量の高い地域が広範囲に残ると予想され、風評被害はなくならないだろう。

原発事故がもたらした災禍は、目に見えないところで社会の奥深くまで及んでいる。自身も牛を飼う岩手県の獣医師の三浦潔は、避難したまま埋もれるように生きて多くを語らない人たちがいること、そこには社会とのつながりが断ち切られた苦しさがあることを語った。

現に畜産農家の間では大きな亀裂が生じ、目に見えぬ溝が深まっている。安楽死処分に同意せざるをえなかった人と同意しなかった人。人に迷惑をかけないように、餓死しないようにという思いは共通でも――牛をつないだまま逃げた人と放して逃げた人。

牛飼いを続けている人、畜産を再開しようとしている人とあきらめた人。ふるさとに帰ろうとしている人と帰らない人、帰れない人。

賠償金や慰謝料の格差が、さらに亀裂を広げる要因になる。

そんな状況のなかで、渡部典一や吉沢正巳たちはなんとかして牛を生かそうとすることで、震災当初は自ら予想もしなかった道を歩むことになった。彼らは国が殺処分を命じた牛を生かす理由、被曝した牛を生かす意味を探り求めながら飼いつづけることによって、ふるさとに戻れない避難生活のうちに埋もれてしまうことなく、人や社会とのつながりを見いだしていったといえる。

渡部は残された牛の有効利用を考える研究者に協力しながら牛を生かし、牛の力を借りてふるさとの大地を荒廃から守っていこうとしている。吉沢もまた牛とともに、被曝の生き証人として、町を崩壊させ、そこにあった生活を奪い、人のつながりを断ち切る原発事故の苛酷さ、理不尽さを訴えつづけている。

原発事故は、土とその上に生きるものたちの運命を変えた。動植物を育み、生態系の基盤であった土は、汚染された邪魔物となってしまった。廃棄されざる廃棄物となったのだ。

除染作業で生じた土の「最終処分場」どころか、「仮置き場」も圧倒的に不足している。国が大熊、双葉両町に予定している「中間貯蔵施設」の設置も、地権者との交渉が難航している。中間貯蔵施設のめどが立たなければ、仮置き場設置に住民の理解を得られないのは当然だ。

国は福島県を除染廃棄物の最終処分地にしないことを閣議決定し、三〇年間に限って県内保管する中間貯蔵施設の建設をめざしている。しかし、除染廃棄物を三〇年以内に県外へ運び出せるなどとは、私にはとても思えない。高レベル放射性廃棄物の最終処分地にはしないという国の約束の下に、引き受け地のないまま廃棄物が溜まっていく青森県の核燃料サイクル施設の状況と同じにならないか。

いま仮置き場や除染現場には、フレコンバッグに詰め込まれた大量の汚染土が積み上げられている。遮蔽された土はまるで時間が止まったかのように、そこに置かれたままだ。

だが、時間は止まってはいない。止まったような、というのは比喩にすぎない。含まれている放射性物質のうち、あるものは飛散時点から半減期を過ぎ、あるものは半減期にわずかなりとも近づいているはずである。ヨウ素131の半減期はおよそ八日、セシウム134は二年、セシウム137は三〇年、ストロンチウム90は二九年、プルトニウム239は二万四〇〇〇年……。

汚染された大地に、半減期という目に見えぬ時計が時を刻む。放射性物質の物理学的半減期に加えて、生物の体内で減っていく時間を示す生物学的半減期という聞き慣れぬ時計も時を刻む。

さらに、原発稼働に伴う高レベル放射性廃棄物の健康と環境への害は数十万年、あるいは一〇〇万年にわたり持続するといわれている。福島第一原発が廃炉になったあとに残される放射性廃棄物はむろんのこと、これまで稼働してきた日本中の原発の膨大な放射性廃棄物は、後世の人間に引き継いでもらう、いや将来の世代に押しつけるほかないのだ。

放射性物質が指し示す時間は、人間の生活の時間や一生の時間を超え、先祖や子孫といった血脈の時間も超越している。文明や歴史の時間をも超えている。一〇万年前でもネアンデルタール人の時代であり、数十万から一〇〇万年後となると空想することすら難しい。

高レベル放射性廃棄物の処理に関しては、これ以上増えるのを防ぐために再稼働しないことしか、現実的な策はないのである。しかしながら、土と大地には放射能の時間に対峙(たいじ)しうるさまざまな時間があることだけは、忘れずにいたいと思う。

たとえば、こぼれた種が実を結ぶ時間。風が飛ばした草の種も、人が蒔いた麦の種も、リスが埋めたどんぐりも、地に落ちた一粒が多くの実を結ぶ。小丸共同牧場の周囲の里山では震災前と同じように、秋には無数のどんぐりが実り、牛たちの足元にも転がっている。牧場脇の柿の木の下では、赤く熟した実を牛が見上げている。土が育てた草や穀物はさらに牛を育て、牛は自らの糞で土を肥やし、草や穀物を育てていく。

二〇一四年の秋、阿武隈の山々が赤や黄に色づくころ、私は再び「安糸丸」と「安糸丸二号」が棲む小丸の牧場を訪れた。渡部典一の仮設住宅のある二本松から帰還困難区域の小丸に入るには、三ヵ所の検問を通過しなければならなかった。避難指示区域再編で、かえって検問の数は増えていた。

二ヵ所目の検問に立っていた初老のガードマンが、「今日は日曜日だというのに行くの?」と渡部に笑いかけてきた。

渡部は「天気がいいからね」と答えて、顔見知りのガードマンに飴の袋を差し出した。検問を過ぎてから、渡部は私に「全くご苦労さまですよ。めったに車なんて通らないのに、雨の日も風の日もああやって毎日立っているんですから」と言った。

高瀬川沿いの道に入ると、川に大きな魚影が見えた。私がこの川で見慣れている鮎ではない。鮭だ。

震災前は下流に鮭の人工孵化場があり、捕獲・採卵し、稚魚を放流していた。そこには簗があり、鮎はそれを越えて上がってきていたが、鮭は遡上できなかった。ところが、津波で簗場が流され、町に人が入れなくなると、鮭も川を上ってくるようになったのだ。鮭は線量の高い渓谷を流れる清流に身を躍らせ、さらに上流をめざしていく。

もし牛が熊のように鮭を捕らえて食う動物であったなら、小丸一帯は絶好の狩り場となっただろう。しかし、この日も牛の群れは、乏しくなった草を求めて静かに移動していた。

丘の上の牧場に着くと、渡部は配合飼料の封を切って撒いた。たちまち牛たちが寄ってきた。遠くから走り寄ってくる牛の群れの先頭に「安糸丸二号」がいた。みんな餌にがつがつと食らいついていく。この程度の量では、とても足りそうにない。

それがどうしたことか、六、七頭の牛が、餌に夢中の仲間やこちらをけげんな様子で見つめたまま、餌を食べに来ようとしない。

渡部に訊くと、あれは震災後に生まれた牛たちで、配合飼料をほとんど食べたことがないため、餌ほしさに寄ってきたりはしないのだという。もはやこの餌は彼らにとってごちそうではないのだ。

渡部がときどき配合飼料を与えるのは、家畜として人に馴らしておくためでもある。牛が野生化して人が近づくことが難しくなれば、定期的な血液検査やバッテリー交換が毎月必要な測定器を使っての調査研究に協力することもできなくなるからだ。

丘の下の牧場に来ると、牛が見えない。渡部は配合飼料の空き袋を持って、田んぼを越え、ススキやセイタカアワダチソウが茂っているほうへ走り去った。やがて、姿を現した渡部のあとから、牛たちがぞろぞろついてくる。小走りになった渡部と並んでこちらへ向かってくるのは「安糸丸」ではないか。彼らは配合飼料の空き袋を見ただけで、餌がもらえることを知って胸を躍らせている感じだ。

その牛の群れのしんがりにいる小さな牛は、なんと「めぇめぇ」だった。この夏、「めぇめぇ」は道路沿いの牛舎を出て、大人の牛の群れに加わったばかりだ。

帰還困難区域生まれの「めぇめぇ」は、一頭だけ離れた牛舎の中にいて、渡部の手で育てられたから、群れに馴れさせる必要があった。そのため、ひとまず調査用に設置した柵に移し、半月間ほど周りの牛たちと柵越しにふれあい、牛仲間になじむようになってから扉を放った。今では他の牛と一緒に行動するようになり、一生懸命最後尾をついて歩いている。

元は水田だった牧場は、牧場というより田んぼのまま荒れることなく、震災後四度目の秋を迎えている。すべてはこの牛たちが、生きるために雑草を食べてくれたからだ。牛たちに別れを告げて、小丸に最も近い検問所まで来たとき、私は自分の立ち入り許可証と一緒にファイルに挟んでおいた運転免許証がないことに気づいた。助手席を降りて車の中を捜しまわったが、どこにも見当たらない。

検問員は入ったときと同じ若いガードマンで、私が運転免許証を提示したことを覚えていた。渡部は戻って捜そうと言ってくれたが、立ち寄った場所を捜しまわっても見つかるとはかぎらない。時間の無駄になる可能性も高い。往路と復路は同じ検問所を通るから、私の立ち入り許可証さえあれば、身分証明の運転免許証は落としたと言えばすむはずだ。私たちはいったん検問所を出て、もう一度車の中を捜した。

「やっぱり戻りましょう。今日はまだ時間がたっぷりあるから」と、渡部が勧めてくれた。そこで車を方向転換させ、再び小丸へ向かうことにした。

渡部の家で、車を停めたところや配合飼料を運び出した倉庫の辺りを見てまわったが、どこにも落ちていない。

「安糸丸」と「めぇめぇ」のいる丘の下の牧場でも、私の歩いた辺りを捜したが、見つからない。「安糸丸」たち牛の群れは、ずっと遠くからこちらを窺っている。とっくに立ち去ったはずの人間がまたうろうろしているのを、きっと不思議に思っていることだろう。

丘の上の牧場まで来たとき、入り口の電気柵を外すために、渡部が車を停めてドアを開けた。私も降りて、牧場への坂を駆け上がっていった。

すると、目の前に牛が一頭、ぽつんと立っている。「安糸丸二号」だった。彼は餌を食べるときのように、頭を下げて口を足元にもっていった。なんとそこに私の捜しているものがあったのだ。

車を牧場の中に入れて、外した電気柵を元に戻そうとしている渡部に、私は大声で運転免許証が見つかったことを伝えた。大きな牛が小さな落とし物を見つけて、見張り番をしてくれていたのだ。

仲間の牛たちはみんな森のほうへと去り、小さく見える。目の前には牛が草を食べ歩き、踏み荒らした牧場の地平線が広がっている。森は紅葉をちりばめ、牧野は土くれだっていた。

私が車のほうへ駆け下りていきながら振り返ると、三〇頭ほどの牛の群れとそれを追う「安糸丸二号」の姿が見えた。牛たちは、茶色い濁流の大河を対岸の森へと渡っていくようだった。

原発事故が起きてからというもの、牛は次々に死んでいったが、人が立ち入れない帰還困難区域の中では、現在も多数の牛が生きて草を食んでいる。

双子の「安糸丸」兄弟ら、いま生きている牛たちは、倒れ伏した仲間の分も生きねばならない。冬の山を越え、避難区域に立ち入り、餌を運んでくれる人間のいるかぎり。春の大地が草や木々を芽吹かせるかぎり。

人が住めなくなった被曝の地で、受難の牛たちがふるさとの大地を守る役牛として、仕事に就きつづけられることを願おう。そして、土と化する野辺の死者の腐朽の速やかならんことを。

文庫版あとがき——牛たちの七年

この本を書き上げてから三年の時間が経った。原発事故から七年が過ぎようとしている。主人公である双子の兄弟牛、「安糸丸」と「安糸丸二号」は今もふるさとの帰還困難区域に生き延びている。五〇頭を超える仲間、そして飼い主の渡部典一とともに。彼ほど牛を愛している男を、私は他に知らない。

渡部は長年住んだ二本松市の仮設住宅から、浪江町の中心部にある災害公営住宅へ移ったばかり。小丸の牧場までは車で一五分ほど。これまでも冬場はほぼ毎日、牧場へ遠距離を通っていたから、牛たちと過ごす時間がますます増えるだろう。

「安糸丸」兄弟は、浪江町から葛尾村へ通じる県道沿いの元水田の牧場と、小高い山の上の放牧場に分かれて暮らしている。それぞれ群れのリーダーとして振る舞っているが、牛社会のつながりは緩やかなので、ボスとして君臨しているというよりも、家族や気心の知れた者たちが集い、日がな一日を気ままに送っている。双子の母牛の「はなひめ」も、その母のおばあさん牛も健在だ。

私たち見慣れぬ人間が顔を出すと、「安糸丸」と「安糸丸二号」は威風堂々とこちらを睥睨しつつ群れの前に出てくる。が、渡部にだけは甘えて擦り寄っていく。渡部を取り囲む牛たちは、家畜と野生の狭間に生きている。産業動物でも実験動物でもない、巨大な愛玩動物のように見える。

放射能に汚染された土地と人間社会に目を転ずると、この三年間に福島の原発事故被害の状況で、しだいに明らかになってきたことがある。

ひとつは、不幸中の幸いといえるが、チェルノブイリほどの被曝被害は起きなかったことである。福島原発事故による放射性物質の放出量については、本書第三章に登場する研究者たち、フランスのＩＲＳＮの調査メンバーからも取材時に、チェルノブイリよりかなり低くとどまったことを聞いていた。

現在では、放射性ヨウ素の放出量はチェルノブイリの七％、セシウム137は一〇％、プルトニウムやストロンチウムについてもチェルノブイリよりきわめて少ないことが報告されている。放射能汚染地域の面積を比較すると、福島はチェルノブイリの五・八％、移住義務地域の面積は七・五％である（今中哲二「チェルノブイリと福島：事故プロセスと放射能汚染の比較」『科学』八六巻第三号　二〇一六年　岩波書店）。

福島では、大気中放出放射能の七〜八割が偏西風により太平洋のほうへ流れたことも、被害がさらに拡大しなかった要因である。

今後、避難指示が解除されて居住が可能になった地域の安全性を見据えながら、原発事故発生直後の恐怖心や放射線に対する理解不足を現状のデータで上書きしていかなければならない。そうしないと、根拠のない風評をいたずらに流布することや、理不尽な福島バッシングに手を貸すことになってしまう。

たとえば、「ほうしゃのう」や「ばいきん」と呼ばれ、蹴られたり金をせびり取られたりしていた生徒の手記が公表されている。福島県から横浜市に自主避難した中学一年生の男子生徒が、小学二年のときに市立小学校に転入した直後から、いじめが始まったという。

「福島の人はいじめられるとおもった。なにもていこうできなかった」と、生徒は苦しい胸の内を綴っていた。「いままでなんかいも死のうとおもった。でも、しんさいでいっぱい死んだからつらいけどぼくはいきるときめた」

文部科学省の聞き取り調査でも、「福島へ帰れ」「放射能がうつるから来ないで」などと言われた小中学生の例がある。

原発事故後、放射能という言葉は人を攻撃し、傷つける武器になった。子どものいじめの要因を、排除されて居場所を失う不安が強まる格差社会、生きづらい大人の社会の反映に帰することもできるが、それを触発したのは放射能であり、避難者への誤解である。目に見えない恐怖を伴う放射能は、色分けされた汚染地図を越えて日本の社会に、いじめが横行し差別が渦巻いている社会へ拡散したのだ。

もうひとつ、ここ数年で見えてきたのは、居住可能な区域が広がる一方で、帰還困難区域の大部分は帰還不能の状態がいつ終わるともしれず続くことである。二〇一六年八月末、政府は復興拠点を設定し、六年後の二〇二二年をめどに避難指示を解除する方針を発表した。そして現在、各町が特定復興再生拠点（復興拠点）の整備計画を示して国や県と協議しているところだ。二〇二三年以降も段階的に整備範囲の拡大をめざすとされるが、これまで帰還困難区域の除染は、ごく一部で試験的に行われたのみ、ほとんど手つかずのまま。事故から一二年を要しても、帰還困難区域内の限定された場所を除き、広大な面積を占める山林の除染はほぼ不可能と思われる。

人間のようには避難できない動物にとって、帰還困難区域とは何か。自分たちの領分を侵し命を脅かす人間の姿が消えたことで、野生動物のサンクチュアリ（聖域、保護区域）、あるいは楽園の様相を呈している。傍若無人に駆けまわるイノシシ、ニホンザル、シカ、キツネ、タヌキ、リス……。会津で出没しているクマも浜通りまでは来ないし、放れ牛もいなくなり、わが世の春を謳歌しているようだ。

帰還困難区域の動物に死角があるとすれば、それは放射性物質の存在だろう。近年、被曝の影響と考えられる身体的異変が報告されている。小丸の牧場の牛たちのなかには甲状腺機能の低下が見られる牛も出てきているが、重大な遺伝的損傷はまだ見つかっていない。牛以外では、放射線が影響した可能性が考えられるヤマメのDNA変異、ニホンザルとアライグマの染色体異常、蝶類への生理的影響（早期羽化、翅（はね）サイズの大型化）、ウグイスの外部異変なども確認されている。これら低線量被曝の影響を知るには、分子レベルから生態系レベルまでさらに長期的な調査・研究が必要だ。

帰還困難区域にいると、ここが放射性物質に汚染された土地であることをしばしば忘れる。原発事故が起きる前から、この地の風はこんなにも光り、薫り、吹きすさび、冴（さ）えていたのか。鳥たちは歌いつづけ、獣たちは挨拶を交わしに出てきたのだろうか。人が見ることもなく花々は咲き乱れ、夜は月と星の光だけで、異様なほど美しい。禽獣の塒（ねぐら）となる草木は深く生い茂って匂い、山も眠り、また覚める。どこか神話的な世界にいるようだ。

双子の兄弟牛が棲む小丸の牧場にも季節は巡り、自然は輝くことをやめない。

春ともなれば青草が芽吹き、牛のおそらくは笑顔と思われるなごやかな表情が増えてくる。蝶と戯れる牛を見ながらその数を数えていると、こちらも眠くなってくる。一頭、二頭、三頭……。巨大な牛と小さな蝶を、ともに「頭」と数えるのはなぜかおかしいな。

炎天の樹下に涼を取る牛たちが、入道雲の湧く空をしきりに見上げている。シャワーを浴びるための雨乞いでもしているのかい？

秋にはふと、いなくなったはずの放れ牛が出現したのかと思うことがある。野分に吹かれるススキの群れがなびくとき、野辺に立ちこめている霧が動くとき、羊雲や天の川を見ても、一瞬、放れ牛の幻影かと迷う。

凍てた土に響く蹄の硬い音を立てて牛が寄ってくる。冬の野の枯れ草よりも、やっぱり乾草ロールや配合飼料はうまいのだろう。牛たちの吐く息の白さ。このような白い息を吐き、吐き、吐き終わって安楽死処分の牛たちは死んでいった。

「安糸丸」兄弟の吐く息も白い。彼らは生き延びていくだろう。

いつも静かに笑っているような顔を牛と寄せ合っている渡部の息も白い。

これほど牛に愛されている人間がいることを、私はここへ来て知った。無人の大地に生きる「安糸丸」たちが、そっと教えてくれたのだ。

二〇一八年一月

眞並恭介

参考資料

・平野康幸「あの時、飯舘村で何が起こっていたのか」『畜産の研究』第六六巻第一号（二〇一二年　養賢堂）
・千葉悦子　松野光伸『飯舘村は負けない　土と人の未来のために』（二〇一二年　岩波新書）
・針谷勉『原発一揆　警戒区域で闘い続ける〝ベコ屋〟の記録』（二〇一二年　サイゾー）
・鈴木真一「東京電力福島第一原子力発電所事故後の福島県酪農業協同組合の活動」『畜産の研究』第六六巻第一号（二〇一二年　養賢堂）
・坂本秀樹「東日本大震災と東京電力福島第一原子力発電所事故に起因する畜産分野の課題に対する福島県の対応」『日本豚病研究会報』第六〇号（二〇一二年　日本豚病研究会）
・橋本知彦他「福島第一原子力発電所事故に伴う警戒区域の家畜対応」『ＪＶＭ獣医畜産新報』第六七巻第一〇号（二〇一四年　文永堂出版）
・今中哲二『低線量放射線被曝　チェルノブイリから福島へ』（二〇一二年　岩波書店）
・久馬一剛『土の科学　いのちを育むパワーの秘密』（二〇一〇年　ＰＨＰサイエンス・ワールド新書）
・久馬一剛『土とは何だろうか？』（二〇〇五年　京都大学学術出版会）
・佐藤衆介『アニマルウェルフェア　動物の幸せについての科学と倫理』（二〇〇五年　東京大学出版会）
・遠藤秀紀『アニマルサイエンス②　ウシの動物学』（二〇〇一年　東京大学出版会）

・家畜感染症学会編『子牛の科学　胎子期から出生、育成期まで』（二〇〇九年　チクサン出版社）
・阿部亮他『農学基礎セミナー　新版 家畜飼育の基礎』（二〇〇八年　農山漁村文化協会）
・渡邉昭三他『基礎シリーズ　畜産入門』（二〇〇〇年　実教出版）
・土屋平四郎　高久啓二郎他『改訂・肉牛飼養全科（第2版）』（一九八八年　農山漁村文化協会）
・津田恒之『牛と日本人　牛の文化史の試み』（二〇〇一年　東北大学出版会）
・原子力災害対策本部「ステップ2の完了を受けた警戒区域及び避難指示区域の見直しに関する基本的考え方及び今後の検討課題について」（二〇一一年一二月二六日）
http://www.meti.go.jp/earthquake/nuclear/pdf/111226_01a.pdf
・内閣府原子力被災者生活支援チーム「避難指示区域の見直しについて」（二〇一三年一〇月）
http://www.meti.go.jp/earthquake/nuclear/pdf/131009/131009_02a.pdf
・内閣府原子力被災者生活支援チーム「帰還困難区域について」（二〇一三年一〇月一日）
http://www.mext.go.jp/b_menu/shingi/chousa/kaihatu/016/shiryo/__icsFiles/afieldfile/2013/10/02/1340046_4_2.pdf
・福島県農林水産部「農林水産分野における東日本大震災の記録（発災から平成23年度末まで第1版）」（二〇一三年二月）
http://www.pref.fukushima.lg.jp/download/1/99_ikkatsu.pdf

＊サイト情報は二〇一四年一二月一日時点のもの

解　説

小菅正夫

東日本大震災における福島第一原発の事故により、被災した多くの人が先祖代々暮らしていた土地からの移動を余儀なくされた。その後、想像を絶する被災者の苦悩は、マスコミ各社によって報道され、日本中が被災地の状況に心を痛め、人々の無事を祈っていた。

国家は、原発から半径二〇キロ以内を警戒区域に指定、住民の立入りを禁止し、次に区域内に生存するすべての家畜を安楽死させるよう指示した。チェルノブイリでは三〇キロ圏内の牛一万三〇〇〇頭をトラックで避難させたそうだが、我が国では人々と苦楽を共にしてきた三五〇〇頭の牛、三万頭の豚、四四万羽の鶏を殺してしまえというのだ。一時期、街や野山を駆け巡る野生化した牛や豚、ダチョウなどが興味本位に報じられていたが、マスコミは動物たちのその後を追うこともせず、いつの間にか日本人の脳裏から被災動物たちの姿が消えていった。

本書が刊行されたのは、そんな時だった。著者である眞並さんは、被災地へ入り、そこで、牛たちの惨状を直視し、必死になって牛の命を守り続ける牛飼いと獣医師の存在を知った。そして、震災時八ヵ月齢だった双子の安糸丸と安糸丸二号の運命を軸として、被曝牛に深く関わった人々の三・一一以降の行動を記録しながら、彼らの心の内を、本人の言葉で綴っていく。読んでいて、牛飼いたちの怒りが私の心を震えさせた。

誰もが、原発安全神話を拠り所として、最悪の事態を想定した対応策や避難訓練をしてこなかったことが、場当たり的な現場対応となってしまったのだろう。この頃、政治家や評論家の発言の中に「想定外」という言葉が踊っていたが、想定外のことを想定して事前の予防策を考えておくことがリスクマネジメントだ。少なくとも原発事故に対して、国にはまったくその考えはなかった。

かく言う私も、報道が薄れると共に、福島のその後には意識が及ばなくなり、頭の片隅に追いやってしまった。津波で被災し九〇%の水生生物が死亡したふくしま海洋科学館から、希少種を中心に二四四個体が七ヵ所の動物園水族館に救助され、七月までには動物たちも里帰りを果たして再開館できたことと、交通の遮断によって動物たちの食べものが不足していた仙台、盛岡、秋田の動物園には、全国の園館から集められた飼料が、多くの輸送機関の協力によって届けられ、その後の犠牲動物を出さずにすんで、それぞれが再開園できたことで、何となく安堵してしまっていた。

実は、一三施設にも及ぶ被災園館がありながら、これほど短期間で有効な支援体制を組むことができたのは、一九九五年の阪神淡路大震災の教訓があったからである。あの時は、義援金を集めるだけで、対応は近くの動物園に任せてしまい大混乱の中、飼育係が歩いて食料を届けざるを得なくなってしまった。今回は協会が直接環境省と掛け合い、希少種の緊急移動許可を得ることができ、有効な広報もできたことで飼料の輸送も停滞なく実施することができた。

その間、飼育係は自らの生活を顧みることなく動物の面倒を見続けていた。中には「多くの人々が苦しんでいるとき、自分の取った行為は正しかったのだろうか」と悩み続けた飼育係もいた。それでも「ここの動物を守るのは自分にしかできなかった」と自分を納得させるのだが、揺れ動く心に長いこと悩み続けたようだ。一方で、どうしても駆けつけることができなかった飼育係もいて、彼らも同様に悩み続けていた。

だが、福島の牛飼いとの決定的な違いは、放射能の存在だ。それに加えて、国が警戒区域内にいる家畜の移動禁止と殺処分を指示したことがさらに牛飼いたちの心をズタズタに切り裂いた。危険という感覚以上に人々に極度の不安を引き起こす放射能の存在によって、我が身に何が起こるか分からない恐怖に襲われるのだ。誰の頭にも広島・長崎の悲惨な映像が浮んできて離れなかったであろう。すべてを投げ出して逃げ出したからといって、誰からも非難されることは絶対にない。にもかかわらず、自ら自己責任を表明して、被曝牛を生かすために警戒区域の検問を突破し、餌を与え続けた牛飼いたちがいる。その覚悟たるや、人間のなせる業ではない。

「何の価値もない牛だから殺してしまえ」と簡単に言ってのける国の非情さは、太平洋戦争時でも見られた。陸軍は、空襲によって猛獣が逃げ出す事態を避けるため、上野動物園で飼育されている猛獣は殺処分する必要がある、と伝えた。そして一九四三年八月、東京都長官は、上野動物園に対して戦時猛獣処分を命じた。飼育現場では、ゾウだけは地方の動物園へ疎開させて欲しいと懇願したが、都長官は疎開を認めず、上野でゾウ三頭を含む一四種二七頭が殺された。直接手を下したのは、動物を手塩に掛けて育ててきた飼育係である。誰一人として納得していたはずはない。でも、絶対に殺さねばならないのならと、自分の手でやることを泣く泣く選択したのだと思う。

上野に続き、一五カ所の動物園がこれに続いて猛獣の処分を遂行していった。犠牲となった動物は五〇〇頭を超えると考えられている。そんな社会情勢の中、命を掛けて動物を守り続けた人がいた。東山動物園では、猛獣の殺処分は受け入れたが、ゾウは鎖で繋留(けいりゅう)しておくので逃げ出すことはないと懸命に助命を懇願し続けた。敗戦近くになり、飼料の入手が困難になった時には、何と軍馬用の飼料を盗んでまでゾウに与えていた。もちろん見付かればどんな罪に問われるか分からない。そして終戦の日を迎えた。生き残ったのはゾウ二頭とチンパンジー一頭の他、鳥が三種二三羽、そして彼らを飼育し続けた飼育係が六名いた。

彼らに、飼い続けた理由を尋ねても、答えは出ないだろう。〝生かす意味〟など、どうでも良かったと思う。私は動物園で働いてから、「ヒトと動物の命に違いはない。食べるために殺すことは生きているものの定めだが、人間の好悪や都合によって、生きものの命を奪ってはならない」と考えるようになり、いつの頃からか、獣医師として最善の治療を続け、死ぬときは俺の腕の中で死なせる、と心に決めていた。これが命を預かるものの責任だと私は思っている。

この考えは、多くの西洋人には理解されないと思う。生活の質（ＱＯＬ）という考えが優先して共有される西洋人には、私の考えは、「動物を無理に生かすことで、虐待している」と批判されると思う。現に、寝たきりになったゾウを命尽きるまで看病した日本の動物園があったが、西洋人には虐待と映ってしまうこともあった。でも、日本で立てなくなったゾウを安楽死させることが受け入れられるだろうか。やはり、生命観や宗教観の違いがあるように思える。

一方、デンマークの動物園では、二〇一四年、余剰となったキリンを殺処分して、しかも公開で解剖し、肉はライオンなどに餌として与えた。殺処分とした理由は、「この個体は繁殖計画には参加を求められておらず、貴重な血統の個体にスペースを明け渡すべきだ。解剖は子供たちの貴重な学習機会となる。肉は自然界と同じようにライオンが食べる」というものだった。個体がかわいそうという感情と種の多様性を守るという理論との対立だった。八百万（やおよろず）の神々と共に生きる日本人には到底理解できないと思う。

福島でも、同様の議論があった。国家は二〇一一年五月一二日に出した帰還困難区域内の家畜の殺処分指示を撤回していない。殺処分に同意しない牛飼いは、被曝によって経済的価値のなくなった牛を生かし続ける意味を問われるようになった。西洋人の多くは、「牛は人の食料として存在する動物なのに、人間が被曝の危険を冒しながらも飼育し続ける意味など、ない」と考えるだろう。政府の考え方も、これに近いものと思われる。そこで、牛飼いが被曝した牛を飼い続けるには、社会に通用する大義名分が必要となる。牛飼いと支援者、研究者は「被曝した牛を飼い続ける意味」を探し始めた。

被曝が牛という動物に、どのような影響を与えるのか、継時的に観察していかなくては分からない。恒常的に汚染された飼料を食べ続けた場合の内部被曝のデータばかりでなく、被曝しても正常な飼料を与えることで、被曝の影響がどのように薄れていくのかといったデータも得ることができる。現に放射能の人への影響は、広島・長崎での記録がすべてなのだ。さらに、牛が被曝した草を食べることによって、土地を除染することが理論的には可能で、どうやってシステム化していくかが議論されている。草地ばかりでなく、森林も放牧地とすることで、除染が困難だと思われている地域でも除染が可能となる。食用としての牛から使役牛へと存在の意味を変えるという発想の転換が求められるというのだ。

実際に被災後数年が経ち、牛が放牧されている地域では、牛が田畑や山林の草を食べているので、放射能レベルが平常時に戻れば、直ぐにでも農業が可能となりそうなのだが、牛のいない地域では、一面にセイタカアワダチソウなどの雑草やヤナギ類などが生い茂る荒れ地となってしまい、農地とするには改めて開墾しなければならない状態になっていた。眞並さんが、この本の書名を「牛と土」とした理由は、まさにここにあるのだ。牛が土を作り、土が草を育て、草が牛を大きくする。こうしてこの土地は多くの人々を養ってきた。先祖代々守り続けてきた農地を未来へ引き継ぐためには、被曝した牛の働きが絶対に必要となる。

いや、それ以上に重要なことは、生きている牛たちは、原発事故の生き証人だということだ。政府の指示に従って、被曝した全家畜を殺処分していたら、誰もあの事故を振り返らなくなり、国土の一部が失われたことすら、忘れ去ってしまうだろう。原爆ドームがあり続けることで、広島・長崎の原爆被害はいつまでも世界中の人々から忘れられないように、帰還困難区域に生き続ける被曝牛が存在する限り、福島原発事故も人々の記憶から消え失せることはない。

この地で飼育された肉牛が、食卓に上る日が来るまで、牛飼いは絶対に逃げない。千年先、万年先、一〇〇万年先を見据えて、この放射能に汚染された地で、今も牛と共に牛飼いは生きている。そして、著者はそんな牛飼いたちに寄り添って、牛飼いの心を発信している。いやそれだけでなく、土と牛、そして牛飼いたちと共に差別や偏見とも闘っているのだ。この国の未来のために。

（こすげ・まさお　獣医師）

本書は、二〇一五年三月、書き下ろし単行本として
集英社より刊行されました。

※本文中に登場する人物や団体の名称・肩書き・地
名、調査・研究データは、取材および執筆当時
(二〇一一年三月~二〇一五年一月)のものです。

本文デザイン　鈴木成一デザイン室

集英社文庫　目録（日本文学）

- 下重暁子　老いの戒め
- 下川香苗　はつこい
- 朱川湊人　水銀虫
- 朱川湊人　鏡の偽乙女　薄紅雪華紋様
- 小路幸也　東京バンドワゴン
- 小路幸也　シー・ラブズ・ユー　東京バンドワゴン
- 小路幸也　スタンド・バイ・ミー　東京バンドワゴン
- 小路幸也　マイ・ブルー・ヘブン　東京バンドワゴン
- 小路幸也　オール・マイ・ラビング　東京バンドワゴン
- 小路幸也　オブ・ラ・ディ　オブ・ラ・ダ　東京バンドワゴン
- 小路幸也　レディ・マドンナ　東京バンドワゴン
- 小路幸也　フロム・ミー・トゥ・ユー　東京バンドワゴン
- 小路幸也　オール・ユー・ニード・イズ・ラブ　東京バンドワゴン
- 小路幸也　ヒア・カムズ・ザ・サン　東京バンドワゴン
- 白石一文　彼が通る不思議なコースを私も
- 白河三兎　私を知らないで
- 白河三兎　もしもし、還る。
- 白河三兎　十五歳の課外授業
- 白澤卓二　100歳までずっと若く生きる食べ方
- 城山三郎　臨3311に乗れ
- 辛　永清　安閑園の食卓　私の台南物語
- 辛酸なめ子　消費セラピー
- 新庄　耕　狭小邸宅
- 眞並恭介　牛と土　福島、3.11その後。
- 神埜明美　相棒はドM刑事　～女刑事・海月の受難～
- 神埜明美　相棒はドM刑事2　～事件はいつもアブノーマル～
- 神埜明美　相棒はドM刑事3　～横浜誘拐紀行～
- 真保裕一　ボーダーライン
- 真保裕一　誘拐の果実(上)(下)
- 真保裕一　エーゲ海の頂に立つ
- 真保裕一　猫背の虎　大江戸動乱始末
- 真保裕一　ダブル・フォールト
- 周防　柳　八月の青い蝶
- 周防　柳　逢坂の六人
- 周防正行　シコふんじゃった。
- 杉本苑子　春日局
- 杉森久英　天皇の料理番(上)(下)
- 杉山俊彦　競馬の終わり
- 鈴木　遥　ミドリさんとカラクリ屋敷
- 瀬尾まいこ　おしまいのデート
- 瀬尾まいこ　春、戻る
- 瀬川貴次　波に舞ふ舞ふ　平清盛
- 瀬川貴次　ばけもの好む中将　平安不思議めぐり
- 瀬川貴次　闇に歌えば　文化庁特殊文化財課事件ファイル
- 瀬川貴次　ばけもの好む中将　弐　姑獲鳥と牛鬼
- 瀬川貴次　ばけもの好む中将　参　天狗の神隠し
- 瀬川貴次　ばけもの好む中将　四　踊る大菩薩寺院
- 瀬川貴次　暗夜鬼譚　春宵白梅花

集英社文庫　目録（日本文学）

- 高嶋哲夫　沖縄コンフィデンシャル 交錯捜査
- 高嶋哲夫　沖縄コンフィデンシャル ブルードラゴン
- 高嶋哲夫　富士山噴火
- 高杉良　管理職降格
- 高杉良　小説 会社再建
- 高杉良　欲望産業(上)(下)
- 高野秀行　幻獣ムベンベを追え
- 高野秀行　巨流アマゾンを遡れ
- 高野秀行　ワセダ三畳青春記
- 高野秀行　怪しいシンドバッド
- 高野秀行　異国トーキョー漂流記
- 高野秀行　ミャンマーの柳生一族
- 高野秀行　アヘン王国潜入記
- 高野秀行　怪魚ウモッカ格闘記 インドへの道
- 高野秀行　神に頼って走れ！ 自転車爆走日本南下旅日記
- 高野秀行　アジア新聞屋台村
- 高野秀行　腰痛探検家
- 高野秀行　辺境中毒！
- 高野秀行　世にも奇妙なマラソン大会
- 高野秀行　またやぶけの夕焼け
- 高野秀行　未来国家ブータン
- 高野秀行　謎の独立国家ソマリランド そして海賊国家プントランドと戦国南部ソマリア
- 高橋一清　編集者魂 私の出会った芥川賞・直木賞作家たち
- 高橋克彦　完四郎広目手控
- 高橋克彦　天狗殺し 完四郎広目手控Ⅱ
- 高橋克彦　いじん幽霊 完四郎広目手控Ⅲ
- 高橋克彦　文明怪化 完四郎広目手控Ⅳ
- 高橋克彦　不惑剣 完四郎広目手控Ⅴ
- 高橋源一郎　ミヤザワケンジ・グレーテストヒッツ
- 高橋源一郎　競馬漂流記 では、また、世界のどこかの観客席で
- 高橋源一郎　銀河鉄道の彼方に
- 高橋千劔破　江戸の旅人 大名から逃亡者まで30人の旅
- 高見澤たか子　「終の住みか」のつくり方
- 高村光太郎　レモン哀歌―高村光太郎詩集
- 瀧羽麻子　ハローサヨコ、きみの技術に敬服するよ
- 竹内真　粗忽拳銃
- 竹内真　カレーライフ
- 武内涼　はぐれ馬借
- 武田晴人　談合の経済学
- 竹田真砂子　牛込御門余時
- 竹田真砂子　あとより恋の責めくれば 御家人大田南畝
- 竹林七草　お迎えに上がりました。 国土交通省国土政策局幽冥推進課
- 嶽本野ばら　エミリー
- 嶽本野ばら　十四歳の遠距離恋愛
- 太宰治　人間失格
- 太宰治　走れメロス
- 太宰治　斜陽
- 多田富雄・柳澤桂子　露の身ながら 往復書簡 いのちへの対話

集英社文庫　目録（日本文学）

多田富雄　寡黙なる巨人
多田富雄　春楡の木陰で
多田容子　柳生平定記
多田容子　諸刃の燕
橘玲　不愉快なことには理由がある
橘玲　バカが多いのには理由がある
田中慎弥　共喰い
田中慎弥　田中慎弥の掌劇場
田中啓文　ハナシがちがう！　笑酔亭梅寿謎解噺
田中啓文　ハナシにならん！　笑酔亭梅寿謎解噺2
田中啓文　ハナシがはずむ！　笑酔亭梅寿謎解噺3
田中啓文　ハナシがうごく！　笑酔亭梅寿謎解噺4
田中啓文　茶坊主漫遊記
田中啓文　鍋奉行犯科帳
田中啓文　鍋奉行犯科帳　道頓堀の大ダコ
田中啓文　ハナシはつきぬ！　笑酔亭梅寿謎解噺5

田中啓文　鍋奉行犯科帳　浪花の太公望
田中啓文　鍋奉行犯科帳　京へ上った鍋奉行
田中啓文　鍋奉行犯科帳　お奉行様の土俵入り
田中啓文　鍋奉行犯科帳　お奉行様のフカ退治
田中啓文　鍋奉行犯科帳　猫と忍者と太閤さん
田中啓文　鍋奉行犯科帳　風雲大坂城
田中啓文　浮世奉行と三悪人
田中啓文　俳諧でぼろ儲け　浮世奉行と三悪人
田中優子　世渡り万の智慧袋　江戸のビジネス書が教える仕事の基本
田辺聖子　花衣ぬぐやまつわる…(上)(下)
田辺聖子・工藤直子　古典の森へ　田辺聖子の誘う
田辺聖子　夢渦巻
田辺聖子　鏡をみてはいけません
田辺聖子　楽老抄　ゆめのしずく
田辺聖子　セピア色の映画館
田辺聖子　姥ざかり花の旅笠　小田宅子の「東路日記」

田辺聖子　夢の櫂こぎ　どんぶらこ
田辺聖子　愛を謳う
田辺聖子　あめんぼに夕立　楽老抄II
田辺聖子　愛してよろしいですか？
田辺聖子　九時まで待って
田辺聖子　風をください
田辺聖子　ベッドの思惑
田辺聖子　春のめざめは紫の巻　新・私本源氏
田辺聖子　恋のからたち垣の巻　異本源氏物語
田辺聖子　ふわふわ玉人生　楽老抄III
田辺聖子　恋にあっぷあっぷ
田辺聖子　返事はあした
田辺聖子　お気に入りの孤独
田辺聖子　お目にかかれて満足です(上)(下)
田辺聖子　そのときはそのとき　楽老抄IV
田辺聖子　われにやさしき人多かりき　わたしの文学人生

集英社文庫

牛と土 福島、3.11その後。

2018年2月25日 第1刷 定価はカバーに表示してあります。

著 者 眞並恭介
発行者 村田登志江
発行所 株式会社 集英社
東京都千代田区一ツ橋2-5-10 〒101-8050
電話 【編集部】03-3230-6095
【読者係】03-3230-6080
【販売部】03-3230-6393(書店専用)

本文組版 株式会社ビーワークス
印 刷 大日本印刷株式会社
製 本 大日本印刷株式会社

フォーマットデザイン アリヤマデザインストア マークデザイン 居山浩二

ISBN978-4-08-745707-0 C0195